KB025466

L'ÉLÉGANCE DES MOLÉCULES

우아한 분자

우아한 분자

노벨 화학상 수상자의 행복한 연구 인생

초판 1쇄 인쇄일 2023년 7월 7일 **초판 1쇄 발행일** 2023년 7월 14일

지은이 장피에르 소바주 | **옮긴이** 강현주 | **감수** 장홍제
펴낸이 박재환 | **편집** 유은재 | **관리** 조영란
펴낸곳 에코리브르
주소 서울시 마포구 동교로15길 34 3층(04003) | **전화** 702-2530 | **팩스** 702-2532
이메일 ecolivres@hanmail.net | **블로그** http://blog.naver.com/ecolivres
출판등록 2001년 5월 7일 제201-10-2147호
종이 세종페이퍼 | **인쇄 · 제본** 상지사 P&B

ISBN 978-89-6263-254-5 03430

책값은 뒤표지에 있습니다. 잘못된 책은 구입한 곳에서 바꿔드립니다.

우아한 분자

노벨 화학상 수상자의
행복한 연구 인생

장피에르 소바주 지음 | 강현주 옮김 | 장홍제 감수

에코리브르

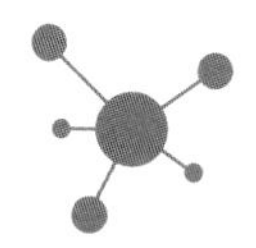

차례

"소바주의 연구실 사람들은 일을 많이 하지는 않습니다.
차나 커피를 함께 마시기를 좋아하죠."

- 2008년 장피에르 소바주의 연구실에서 일한
도쿄 대학 화학과 학생의 인턴십 보고서 중에서

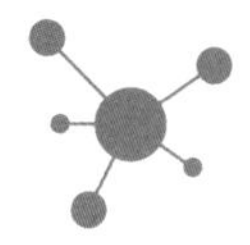

생기 넘치는 운명

2016년 노벨 화학상을 받은 이후, 나는 전 세계 언론인들과 수십 차례 인터뷰를 진행했다. 이를 굳이 내 자랑거리로 삼고 싶진 않다. 스웨덴 과학 아카데미가 수여하는 명망 높은 이 상은 여름날 고속도로의 교통체증이나 가을날 떨어지는 밤송이처럼 해마다 어김없이 등장하는 뜨거운 주제다.

나는 겸손하고 신중한 편이지만, 한두 가지 예외적인 상황을 빼고는 이러한 인터뷰 요청을 거절하지 않았다. 무엇보다 예의상 그랬고, 그다음으로 화학을 기껏해야 고등학교 시절의 나쁜 기억으로, 최악의 경우 죽도록 싫은 과학으로 여기는 일반 대중에게 미디어를 통해 친근하게 다가가기를 바랐기 때문이다. 나는 우리 시대 대부분의 사람이 '화학'이라는 단어에 대해 가지고 있는 고정관념, 불신, 더 나아가 철저한 무관심을 모르지 않는다. 당시 나에게 건네진 마이크가 과학자에 대한 상투적인 이미지, 예를 들면 새로 조제한 약제가 담긴 시험관을 확대경으로 살펴보는 수염 덥수룩한 연금술사나 담배를 입에 물고 이전보다 독성이 더 강한 살충제 공식을 찾아내려는 교활한 기업가와 같은 이미지를 누그러뜨리는 데 일조했다면, 나는 이것이 내게 부여된 명예에 걸맞은 의무라고 생각했다.

그러나 이러한 왜곡된 이미지는 항상 대중에게서 나오는 것이 아니라 때로 언론인에게서 나온다.

이는 생각지도 못한 오해로까지 이어질 수 있다.

노벨상을 받고 2~3일 후, 스트라스부르 대학 연구실에 있던 나는 일반 언론사에서 일하는 한 미국인 기자의 전화를 받았다. 나는 적어도 그 기자가 자신이 말하고자 하는 주제, 즉 내가 상을 받게 된 연구의 성격에 대해 그다지 열정적이지 않았다고 말할 수 있다. 하지만 그런 사실에 그다지 신경 쓰지 않고 평소처럼 말을 이어갔다. 수화기 반대편에서 그녀는 내 설명에 조심스러운 침묵으로 반응했다. 물론 어떤 반응이나 해명을 요청할 필요는 없었다. 인터뷰가 끝나갈 무렵 기자는 갑자기 다시 밝아지는 듯했다. 그러더니 야생 동물이 먹잇감을 노리는 듯한 태도로 마지막 질문을 했다. "선생님께선 그런 식으로 다루어도 분자가 고통스러워하지 않는다고 확신하십니까?"

그 뒤로 이어진 침묵은 이번엔 전적으로 내 책임이었다. 내가 보기에 독특하지만 존중할 만한 무관심은 사실 억눌린 적대감을 감추고 있다. 그때까지 아무도 관심을 두지 않았기 때문에 수백만 개의 분자들을 고문하면서 억지로 이룩한 기초 과학의 진보 덕분에 내가 두각을 나타내게 된 것이다. 나는 그러한 폭로에 충격을 받았으며, 그에 대해 미처 대비가 되어 있지 않았다.

한참 동안 어리둥절해 있다가 그 말이 농담이 아니라는 것을 확인한 후, 나에게는 두 가지 선택지가 있었다. 중학교 수준의 생물학 강의를 시작하거나 더 지체하지 말고 대화를 끝내버리는 것이었다. 나는 세 번째 방법을 선택했다. 분자가 생물 세계에 속하지 않는다는 견고하게 입증된 과학적 진실을 상기시키는 데 만족하며 정중하게 대화를 마무리하는 것이었다. 분자는 아무것도 느끼지 않는다. 기쁨도, 두려움도, 부당함도, 고통도. 모호한 이론에 기댈 필요 없이, 일상적인 경험이 결정적인 증거를 제공한다. 분자는 꼬리를 밟혀도 짖지 않는다.

이 일화를 여기서 말하는 것은 익명을 유지하고 싶어 하는 기자를 놀리기 위해서가 아니다. 그녀의 발언은 다소 과장되지만 인상적인 방식으로 내가 아주 오랫동안 간직해온 신념을 끄집어내주었다. 화학이 기초 과학 중에서 가장 사랑받지 못하는 이유는 분명히 화학이 가장 오해를 많이 받기 때문이다.

조금만 이해하려고 노력하면 이 기자가 불러온 혼란의 원인을 파악하고 상황을 누그러뜨리는 것이 가능하다. 화학 결합으로 서로 연결된 원자의 집합체인 분자는 물질을 구성한다. 액체, 고체, 기체, 동물, 인간, 의자, 침대 램프 등 …… 헬륨의 경우처럼 단독으로 발견되는 특정 원자를 제외하고는 모두 탄소, 수소, 철, 황, 인, 질소 등 자연에서 이용할 수 있는 다양한 원자로 이루어진 분자들의 집합체이다. 따라서 살아 있는 유기체나 불활성 물체의 기본 성분은 동일하다. 단지 결합 방법만 다를 뿐이다. 결국, 살아 있는 유기체를 구성하는 것은 생명이 없는 분자다. 이 명백한 역설이 기자를 혼란스럽게 만들었을 것이다. 그리고 기자로 하여금 분자가 생명체의 속성을 가지고 있다고 생각하게 만들었을 것이다.

그렇다면 특정 분자 구조를 살아 있게 만드는 것은 무엇일까? 생물계를 구성하는 종의 화학 집합체는 어떤 기적에 의해서 살아 움직이고 학습하고 생식하는 것일까?

요컨대, 생명체에 생명을 부여하는 것은 무엇일까?

1953년에 미국인 학생 스탠리 밀러(Stanley Miller)는 자기 이름을 딴 실험으로 이 수수께끼를 풀고자 했다.

시카고 대학에서 화학을 공부하던 밀러는 지구상 생명체 출현의 기원을 밝히는 연구에 박사 학위를 거는 대담한 도전을 했다. 1934년 노벨 화학상을 수상한 해럴드 유리(Harold Urey: 1931년 처음으로 수소의 동위원소인 중수소를 발견하고 중수를 분리한 미국의 물리화학자—옮긴이)로부터 논문 지도를 받으면서, 스탠리 밀러는 40억 년 전에 생명체를 탄생시킨 조건을 실험실에서 재현한다는 목표로 실험을 시작했다. 실험 방법은 매우 간단했다. 밀러는 우선 플라스크에 물을 조금 부었다. 그런 다음 플라스크의 나머지 부분은 최초의 생명체 출현 당시 대기 중에 존재했을 것으로 생각되는 가스의 혼합물, 즉 메테인(메탄), 암모니아 및 수소•로 채웠다. 플라스크를 가열하자, 이때 발생한 수증기가 당시 지구를 강타했던 폭풍우를 모방한 전극에 노출되었다. 밀러는 물속에 남은 폭풍우의 잔해물을 분석하다가 생명체의 특징적인 분자, 즉 스무 개의 아미노산 중에 다섯 개의 아미노산이 형성된 것을 발견했다. 이 산소, 수소, 탄소, 질소 원자의 집합체는 모든 생명체의 각 세포에 존재한다. 아미노산은 매우 단순한 분자로 신진대사를 구성하고 기능하는 일개미 역할을 하는 훨씬 더 복잡한 분자, 즉 단백질을 만드는 데 사용된다.

이 놀라운 결과로 밀러는 동료들로부터 일찌감치 인정을 받았지만, 뒤늦게라도 노벨상을 받지는 못했다. 그럼에도 불구하고 밀러의 실험은 기체 혼합물, 강력한 에너지원(전기 충격, 프랑켄슈타인 박사가 옳았다), 화학 반응을 촉진하여 새로운 분자 형성에 유리한 용매력을 가진 액체(물) 등 생명체 출현에 필요한 조건을 밝혔다. 이 '원시 수프' 또는 '원초 수프'의 발견은 매우 유익하긴 하지만, 생명 탄생의 수수께끼를 일부만 해결한 것에 불과하다. 그것은 생명체로 변환되는 '마법'처럼 보이는 심오한 메커니즘, 즉

● 이 혼합물에서 이산화탄소의 중요성이 오늘날에는 널리 인정되고 있지만, 1950년대에는 합의가 이루어지지 않았다.

불활성 분자들이 생명체로 태어나 성장하며 복제하고 죽는 과정을 설명하지는 못한다.

이 중요한 사실을 알아낸 지 거의 70년이 지났지만, 과학은 여전히 이 해묵은 질문에 대한 답을 제시하지 못했다. 몇 년 후, 밀러의 실험과 유사한 실험에서 원시 가스 혼합물에 CO_2를 첨가하는 것으로 생명체 형성과 생존에 필요한 스무 가지 아미노산과 DNA와 RNA를 구성하는 기본 분자를 모두 채취할 수 있었다. DNA와 RNA는 아미노산 사슬을 제조하는 암호를 담고 있어서 모든 생명의 기본 구성 요소라고 할 수 있다. 1980년대 중반 같은 목표를 가진 독일 화학자 귄터 폰 키드로프스키(Günter von Kiedrowski)는 유사한 구성의 다른 두 개의 분자가 포함된 용액에서 소량의 DNA를 복제하는 데 성공했다. 이는 과학이 자기 복제 현상을 만들어낸 최초의 사례다. 이것은 대단한 진전이지만, 21세기에도 인간은 불완전한 조물주이며, 실험실에서 생명체를 만들어내는 것은 여전히 불가능하다는 사실에는 변함이 없다.

이 탐구는 결코 내 분야가 아니다. 이것은 물질과 그 변화에 관한 과학인 화학보다 생명에 관한 과학인 생물학에 더 적합한 문제다.

그렇다면 내 오랜 경력 중 단 1분도 할애하지 않은 이 탐구와 그에 관련된 미스터리로 이 책을 시작하는 것이 나에게 왜 중요해 보이는 것일까?

왜냐하면 나와 내 팀은 생명이 없던 분자에 생명 대체물을 불어넣는 데 성공했기 때문이다.

생명체는 믿을 수 없을 정도로 정교한 기계들로 이루어져 있다. 화학자의 분야인 분자 수준에서는 숨 막히는 광경이다. 나는 여기서 인체에 대해 말하는 것이 아니다. 육안으로는 볼 수 없는 단순한 박테리아도 설명할 수 없을 정도로 복잡한 분자 메커니즘을 포함하고 있다. 이 박테리아의 많은 구성 요소는 각각 대체로 복잡하고 잘 정의된 기능을 수행한다. 세포는 하루 24시간 자율적으로 작동하는 고도로 정교한 화학 반응 공장처럼 움직이며, 그 과정은 오늘날까지도 우리가 아주 일부분만 이해하고 있는 수준이다. 자연의 업적에 비하면 21세기 화학자들이 정교한 실험실에서 설계한 비활성 분자는 거의 우스울 정도로 단순하다.

생명의 기원에 대한 질문 때문에 내가 밤잠을 설친 적은 없지만, 생명의 기능을 지배하는 화학적 경이로

움에 대한 질문은 항상 나를 매료시킨다. 그러나 이 두 가지 수수께끼는 밀접하게 연결되어 있다. 생명체는 형성되고 진화하는 과정에서 우리 손이 닿을 수 없으며 불활성 물질이 감히 넘볼 수 없는 화학적 기술을 개발해왔다. 생명 발달에 필수적인 두 가지 기적이 내 경력의 상당 기간 나를 사로잡았다. 그것은 바로 광합성과 그에 관련된 물의 광분해다. 친구들과 동료 과학자들의 도움으로 나는 그 완고한 비밀 중 일부를 밝혀냈고, 이를 통해 어느 정도 인정을 받았다.

노벨상이라는 최고의 인정을 받은 것은 나의 멋진 팀과 내가 처음에는 우리 연구실의 연구 프로젝트에 포함시키지도 않은 업적 덕분이다.

생명체를 만드는 일이 여전히 실현 불가능한 환상이라면, 우리는 직감적으로 덜 야심 차지만 똑같이 만족스러울 또 다른 목표, 즉 생명체를 모방하는 일은 성공할 수 있다고 생각했다.

공동의 호기심, 약간의 행운, 복잡함을 버린 과학적 야망 덕분에 우리는 불활성 분자에 생물 왕국의 가장 일반적인 특성 중 하나를 부여하는 데 성공했다. 바로 살아 움직이는 능력이다.

이 책에는 우리가 이를 어떻게 성취해냈는지, 그리고 자연이라는 침실에서 45년 동안 무엇을 배웠는지 담겨 있다.

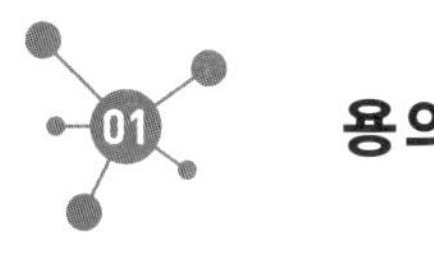

용의 숲

정신분석에 심취한 독자라면 분자 결합체는 아니더라도, 적어도 과학에 대한 일종의 격세유전의 단서를 찾기 위해 내 족보나 어린 시절을 파헤치고 싶은 유혹을 받을 것이다. 그런 탐구는 헛될 공산이 크다. 나는 독일 점령에서 해방되고 몇 주 후인 1944년 10월 21일 파리에서 전업주부인 리디 앙젤 아르슬랭(Lydie Angèle Arcelin)과 성공적인 재즈 밴드 리더이자 클라리넷 연주자인 카미유 소바주(Camille Sauvage) 사이에서 태어났다. 이 부분에서 프로이트 애독자라면 힌트를 더 찾고 싶어 할 것이다. 약간의 상상력을 더해서 화학자들이 분자 조합을 다룰 때와 같은 창의력과 차분함으로 재즈 음악가들이 주어진 음계를 즉흥적으로 연주한다고 생각할 수도 있다. 사실 내가 보기에 이러한 비유는 절반만 설득력이 있다.

우리 부모님은 지방의 소부르주아 출신으로, 어머니는 노르망디, 아버지는 북부 출신이다. 부모님은 내가 아직 아기였을 때 이혼했다. 보헤미안의 영혼을 소유한 친아버지는 예술가로서의 자유를 되찾았고, 어머니는 공군 장교 마르셀 루이 그로스(Marcel Louis Grosse)의 품에서 위로를 받았다. 사랑이 넘치고 배려 깊은 마르셀은 나를 마음으로 낳아준 아버지가 되었고, 지금도 나는 그를 진정한 아버지로 여긴다. 그때부터 나의 어린 시절은 다른 수많은 군인 자녀의 어린 시절과 비슷해졌다. 우리는 끊임없이 옮겨 다녀야 했다. 튀니지, 알제리, 미국 미주리주 세인트루이스, 콜로라도주 덴버로 계속 이사 다녔다. 여덟 살 때 프랑스로 돌아와서도 우리는 투르, 그 교외 지역, 파리 등으로 꾸준히 이삿짐을 싸고 다시 풀었다.

내가 열 살 때 어머니는 중병을 앓았다. 결핵을 진단받은 것이다. 당시에는 사망률이 매우 높은 감염병이었기 때문에, 어머니는 내가 면회 갈 수 없는 요양원에서 1년을 보내야 했다. 어머니가 치료를 받는 동안 나는 파시쉬르외르(Pacy-sur-Eure)의 할머니 댁에서 살았다. 존경스러울 정도로 알뜰하고 강인한 성품의 할머니는 나를 몹시 사랑했고, 나 역시 마찬가지였다. 나는 이미 여름 방학을 매번 할머니 곁에서 보내고 있었다. 일정한 환경 속에서 친구들을 사귈 수 없던 유목민 같은 내 어린 시절에 할머니 댁은 소중한 정박지가 되어주었다. 별다른 도리가 없었다.

어머니의 병이 낫자, 이번에는 아버지가 콩트렉세빌의 병영에 배정되는 바람에 우리는 보주(Vosges) 지방으로 이사했다. 나는 곧 열한 살이 되었고, 바이올린의 고향인 미르쿠르(Mirecourt)에 있는 남자 중학교에 입학했다. 어이없게도 부모님은 학교가 집에서 너무 멀다는 이유로 나를 기숙학교에 보내려고 했다. 두 도시를 연결하는 미슐랭이라는 반기숙 제도를 충분히 이용할 수 있었기 때문에 통학 거리가 멀다는 건 핑계였다. 나는 할머니의 지지를 등에 업고 부모님께 간청해봤지만 소용이 없었다. 이별은 가슴 아팠지만, 그건 나 혼자 감당해야 했다. 어린 시절부터 중요한 결정을 내릴 때 내 의견은 거의 고려되지 않았기 때문에, 나는 때로 내가 무늬만 가족인 것처럼 느껴졌다. 처음 몇 주 동안 밤마다 울었지만, 이미 입증된 적응력에 오슬레(osselets: 우리나라의 공기놀이 같은 프랑스 전통 어린이 놀이—옮긴이) 놀이 능력이 합쳐져 쉽게 적응할 수 있었다.

기숙학교의 충격은 나에게 친아버지에 대한 아득

한 기억을 떠올리게 했다. 처음으로 그의 부재가 나를 무겁게 짓눌렀다. 친아버지는 왜 나에게 관심이 없었을까? 나는 2~3년에 한 번씩 그의 성공의 상징인 노장쉬르마른(Nogent-sur-Marne)에 있는 아름다운 저택을 방문했다. 내가 갈 때마다 거의 매번 친아버지는 나에게 새로운 동반자를 소개했다. 우리 관계는 따뜻했지만, 친아버지의 예술가적 삶과 사교 활동으로 볼 때 내가 마음 약해질 때마다 꿈꾸던 이상적인 부자 관계를 위한 자리는 없어 보였다.

미국에서 정상적인 교육을 받을 수 없어 프랑스로 돌아왔을 때 나는 읽기나 쓰기가 약간 부족했다. 중학교 때 따라잡긴 했지만, 그래도 나는 여전히 중간 정도의 학생이었다. 군대식 엄격한 규율을 중요하게 여기던 미르쿠르 중학교의 기숙학교에 감돌던 불온한 분위기는 내 성적을 향상시키지 못했다. 하지만 우정은 돈독해졌다. 구내식당의 더럽고 맛없는 음식을 삼키지 않으려면, 사감 선생님이 등을 돌리자마자 접시의 내용물을 휴지로 치워버리는 것이 일반적인 규칙이었다. 식사 시간이 끝난 후에는 주머니에 든 휴지를 변기에 버리기 위해 화장실에서 차례를 기다려야 했다. 기온이 섭씨 영하 25도까지 떨어지는 이 지역의 혹독한 겨울에는 곳곳이 얼어붙어 자연스럽게 아이스

링크가 만들어졌다. 이것 또한 우리가 온갖 무모한 도전을 하는 구실이 되어주었다.

주말에 부모님 댁으로 돌아가면 나는 '이야기와 전설' 같은 수십 권짜리 청소년 전집에 빠지는 일탈의 순간을 누릴 수 있었다. 우리 집 분위기에서 이러한 독서 취향이 그리 낯선 것은 아니었다. 어머니는 공부를 계속하지는 않았지만, 전쟁 전 여성에게는 극히 드문 고등학교 졸업장을 가지고 있었고, 독서광이신 할머니 역시 매우 교양이 있었다. 이 격세유전은 내가 가장 잘하는 과목인 프랑스어에서 좋은 결과를 얻는 데 분명히 한몫한 듯하다.

열다섯 살이 되어 고등학교에 입학하려는 즈음에 의붓아버지는 또 새로운 근무지로 발령을 받았다. 나는 또 다시 힘든 시기를 겪어야 했다. 우리는 독일어로 '용의 샘'을 뜻하는 드라첸브론(Drachenbronn)이라는 북부 알자스 마을로 이동했다. 석유가 풍부한 이 지역에서는 버려진 우물이 불타고 있어서 마치 불을 내뿜고 있는 듯한 인상을 주었다. 아버지는 근처 마지노선에 설치된 유럽 최대의 레이더 기지 중 하나인 901 기지에 합류했다. 나는 남쪽으로 30킬로미터 떨어진 아그노(Haguenau)의 남녀 공학 고등학교에 다니게 되었다. 군대에서 제공해준 셔틀버스가 통학

버스 역할을 해주었는데도, 부모님은 내가 다시 기숙사에 들어가야 한다고 주장했다. 나는 60세가 되면, 부모님의 이 고집에 대한 미스터리를 풀고 내가 느꼈던 거부감을 그들에게 털어놓을 것이다. "우리는 그게 너를 위한 것이라고 생각했다." 부모님은 대충 이렇게 대답할 것이다. 이렇게 해서 나는 마을에서 유일한 기숙사생이 되었다.

다행스럽게도 이번에는 미르쿠르와 분위기가 완전히 달랐다. 자유가 규칙이었다. 허가 없이 외출이 가능했으며, 최대한의 자유를 누리기 위해 나는 심지어 자습 감독관을 하던 매우 털털한 성격의 선배들과도 친하게 지냈다. 목요일 오후에는 어머니가 가끔 찾아와서, 마을로 나를 데려가 머랭 아이스크림을 함께 먹곤 했다. 나는 이 시기와 친구들에 대한 멋진 추억을 간직하고 있다. 쉬는 시간에 우리는 알자스어를 사용하지 않는 극소수에 속했다. 우리는 다가오는 누구도 배척하지 않았다. 당시 현지인들이 비알자스인을 부르던 별칭인 '내륙에서 온 프랑스인' 중에는 나처럼 군인의 아들이자 기숙사생인 로베르 랑글루아(Robert Langlois)도 있었다. 놀이터에서 미친 듯이 바스크 펠로타 게임을 하면서 우리는 세상에서 가장 친한 친구가 되었다. 법학을 전공한 후에 그는 토탈(Total: 프랑스의 거대 석유 회사—옮긴이)에 입사해 평생을 근무했다. 우리가 처음으로 카페에서 함께 시간을 보낸 지 60년이 지난 지금까지도 우리는 정기적으로 연락하고 있다.

활기를 되찾게 되자, 학교 성적 역시 움직이기 시작했다. 모든 과목에서 성적이 올랐다. 학급에서 중간 정도 하던 성적은 최상위권으로 훌쩍 뛰었다. 게다가 과학에서도 예상치 못한 능력을 발견했다. 이러한 성향을 확인한 것은 1학년 때였다. 특히 모범적이고 엄격한 수학 선생님 덕분이었다. 다른 선생님들이 쉬운 지름길을 택하거나 시간을 아끼려 할 때, 카일리오(Cailliau) 선생님은 마치 한 단계 한 단계 전개되는 드라마처럼 조금도 줄이지 않고 자신의 추론을 펼쳤다. 선생님의 증명은 다시 읽어보면 아주 명확했다. 이해하지 못하기가 불가능했다. 또한 나는 선생님의 전염성 있는 야망을 좋아했다. 우리에게 도전 정신을 가르치기 위해서, 선생님은 특히 삼각법과 같이 우리의 능력을 훨씬 뛰어넘는 문제를 내는 것을 주저하지 않았다. 반 친구들처럼 나도 실패하곤 했지만, 이때 도전이 나에게 자극제 역할을 할 수 있다는 사실을 알게 되었다. 그리고 이것은 그 후로 내가 걷게 된 길에서 큰 자산이 되었다.

학창 시절의 은인 중 또 다른 선생님 역시 촉매

역할을 해주었다. 물리-화학을 가르친 그 선생님의 이름은 지금 기억이 나지 않는다. 그는 관례대로 업무를 익히기 위해 시골로 내려온 아주 젊은 교사였다. 시대를 앞서가는 뛰어난 교육자이던 선생님은 학생들과 허심탄회하게 교류했으며, 질문이 생기면 혼자 고민하지 말고 아무때나 찾아오라고 독려했다. 또한 방과 후에도 필요하면 언제든 질문할 수 있도록 우리를 초대하곤 했는데, 나는 그 기회를 놓치지 않았다. 나는 분자 수준에서 자연 법칙을 처음으로 알게 되었다. 무엇보다 이론을 직접 경험해볼 기회인 실험 수업이 가장 만족스러웠으므로 화학 수업을 점점 좋아하게 되었다.

이쯤에서 명민한 독자는 이 마지막 발언이 내 미래 직업 선택의 출발점이 되었으리라고 알아챘을 것이다. 하지만 나는 그렇게 생각하지 않는다. 그 당시에 고등학생으로서 나는 모든 과학 과목에 똑같이 관심을 가졌다. 화학뿐만 아니라 수학, 물리학, 생명과학도 마찬가지였다. 나는 여전히 프랑스어를 무척 좋아했고, 마지막 학기에는 철학이 나를 흥분시켰다. 내 성적표를 살펴보면 다른 과목에 비해 한 과목이 특별히 우수하거나 뛰어나지 않았다. 나는 전 과목에서 골고루 우수한 성적을 받았다.

앞으로 이어질 이야기의 방아쇠는 어쩌면 이러한 학문적 고려 사항과 상관없는 요소인 지리학에서 찾을 수 있을지도 모르겠다.

1960년대 초, 드라첸브론은 약 500명의 주민이 평화롭게 살던 마을이었다. 다시 말해서, 아무런 특별한 일도 일어나지 않는 마을이었다. 그곳에 배치된 다른 군인 가족들과 함께 생활하던 군부대에는 가끔 함께 축구를 할 수 있는 몇몇 친구들밖에 없었다. 주말에 십 대들이 할 수 있는 여가 활동은 전혀 없다시피 했다. 거의 무한한 놀이터가 되어준 숲을 제외하고 말이다. 마을과 부대는 보주산맥 기슭의 호크발트(Hochwald)산 초입에 위치해서, 언덕이 많은 푸른 풍경이 독일 국경 너머까지 펼쳐져 있었다. 따라서 나는 자연에 빠져들 수밖에 없었다. 내 또래 친구 한두 명과 함께 처음에는 달리 할 일이 없어서, 그다음에는 그곳이 너무 좋아서 숲에 가곤 했다. 나는 곧 내 방이나 집에 있는 것처럼 숲이 편안해졌고, GPS처럼 정확하게 길을 찾아냈다. 칼을 허리춤에 차고 길을 내기 위해서 나뭇가지를 자르거나 내 주의를 끄는 모양이나 색깔의 식물을 채집하면서 하루 종일 시간을 보냈다. 나는 식물을 구별하는 법을 배웠다. 참나무 잎은 너도밤나무 잎이 아니며, 전나무

가시는 가문비나무 가시가 아니다. 자연과의 접촉은 나의 사색적인 성격과 완벽하게 잘 맞았다. 나는 그 지역에 친구가 많지 않았고, 늦은 사춘기가 여전히 내 호르몬을 자극하지 않았기 때문에 여자에게 관심이 없었다.

화학 실험이나 자연과학에 관심이 점점 커지는 상태에서 주말 산책으로 나는 집에서 직접 실험해볼 수 있는 재료를 쉽게 구할 수 있었다. 용돈으로 아그노에 있는 약국에서 모래시계의 아래쪽 절반을 닮은 피라미드형 플라스크인 삼각 플라스크와 둥근바닥 플라스크, 시험관 몇 개를 구입했다. 그러고는 집의 지하실에 이 장비들을 설치해 소박한 실험실을 만들었다. 나의 첫 실험은 55년 후에 노벨상을 받게 될 것과는 상당히 거리가 멀었다. 참나무 잎을 으깬 뒤 흡수지를 얹어 적셨다. 모세관 작용에 의해 흡수지 위로 엽록소 분자가 작은 줄무늬로 나타났다. 단순한 나뭇잎과 아주 적은 비용으로 생명에 필수적인 이 원자 집합체를 추출할 수 있다는 사실은 정말 놀라웠다.

효소와 그 촉매적 특성에 관한 화학 수업은 새로운 실험 분야로 이끌었다. 나는 발효를 시도했다. 우선 굵은 설탕과 물로 자당 용액을 만들었다. 그리고 거기에 침을 뱉었다. 침에는 자당 분자를 포도당과 과당으로 바꾸는 효소가 포함되어 있다고 선생님께 배웠기 때문이다. 화학의 힘으로 나머지 과정은 자연스럽게 이루어졌다. 포도당 분자는 한편으로는 CO_2로, 다른 한편으로는 에탄올로 분해된다. 나는 적어도 이론상으로는 나만의 비밀 증류소를 열 준비가 다 되어 있었다. 하지만 나는 그렇게 하지는 않을 것이다. 나를 즐겁게 하는 것은 무엇보다도 놀이의 즐거움, 다시 말해서 인위적이지 않은 마술을 부리는 듯한 이 느낌이었다. 하지만 그뿐만이 아니다. 나는 자연이 이루어내는 경이로움을 지켜보면서 일종의 미학적인, 거의 시적인 기쁨을 느꼈다.

나는 학교 친구들에게 이 취미에 대해 말하지 않으려고 조심했다. 부모님 집 지하실에서 작은 화학자 역할을 하는 것은 그리 화려하지도 않았고 십 대의 반항에 속하지도 않았다. 어쩌면 내가 틀렸을지도 모르지만, 나는 부모님이 알면 끝없이 놀려댈 것이라고 확신했다. 사실 나는 주말 내내 지하실에서만 시간을 보내지 않았다. 학사 학위를 취득할 때까지 기껏해야 스무 번 정도 나의 초보적인 실험실에 틀어박혀 있었다. 기본적으로 이 일화는 화학에 대한 가상의 소명이 시작된 지점에 대한 것이라기보다, 자연이나 그 경이로움에 대한 열정의 불꽃이 오늘날에도 지속되고 있다는 것을 상징적으로 나타낸다.

과학에서 좋은 성적을 받은 덕분에 바칼로레아 S(Baccalauréat S: 프랑스 대학 입학시험인 바칼로레아 중 자연과학 계열에 대한 준비를 강조하는 분야—옮긴이)의 조상이라고 할 수 있는 기초 수학 바칼로레아를 볼 수 있었고, 중간 등급의 성적으로 졸업할 수 있었다. 나는 시험을 볼 당시에 꽤 평온했는데, 기대에 미치지 못한 결과를 생각하니 어쩌면 너무 평온했던 것일지도 모르겠다. 과학 과목을 제외하고 모든 성적이 평균 이하였다. 철학이 20점 만점에 10점으로 평균이었던 점만 빼고 말이다. 물리-화학 성적도 내게는 썩 괜찮은 편이었지만, 20점 만점에 15점으로 노벨상 후보라기에는 아쉬운 점수였다. 직업에 대한 개념이나 고등 교육 시스템에 대한 지식도 없으면서 나는 자연스럽게 대학에 가기로 결정했다. 지금은 사라진 2년제 일반 과학 교육 과정인 '입문 교육(Propédeutique: 대학에서 학사 학위를 취득하려는 학생을 대상으로 하며 보통 대학 입학시험을 볼 필요가 없다—옮긴이)'에 등록할 계획이었는데, 교육이나 연구로 가는 디딤돌이 될 수 있을 것 같아서였다. 내 의붓아버지는 이 선택에 감동하면서, '대학 입학 준비 과정(les Classes Préparatoires: 대학 입학시험 준비를 위해 수학, 과학 등 고급 수준의 과목을 가르치는 프로그램—옮긴이)'에 들어가는 것이 어떠냐고 제안했다. 나는 그런 수업이 있는지조차 몰랐기 때문에, 아버지의 제안에 동의했다.

기본적으로 나는 두 가지 확신이 있었다. 나는 과학에 관심이 있고, 자연에 끌린다는 것이었다.

정말 행복한 일이었다. 왜냐하면 나는 30년의 직업 생활 동안 자연계에서 가장 신비로운 걸작 중 하나를 전문적으로 연구할 예정이었기 때문이다. 그것은 자연과학 과목에서 내 최고 성적인 20점 만점에 17점을 받은 내 고등학교 졸업 논문의 주제가 되기도 했다.

그것은 바로 생명의 허파, 광합성이다.

생명의 교향곡

합성 화학자의 일상적 업무는 그 이름에서 알 수 있듯이 기본적으로 합성 분자를 만드는 것이다. 이 용어는 종종 잘못 이해되어 부정적인 편견으로 이어지거나, 가끔은 즉각적으로 혐오감을 불러일으키기도 한다. 합성 물질은 정의상 자연적인 것이 아니다. 과거에는 '인공'이라는 말이 인간 지능의 성과로 찬양받았다. 그러나 자연이 순수하고 무장하지 않은 것으로 인식되는 우리 시대에 이 단어의 의미는 의심스러워졌다.

사실, 합성 화학자에게는 자연이 제공하는 분자와 다른 화학자들이 이미 만들어놓은 분자 외에 다른 재료가 없다. 합성 화학자는 아무것도 창조하지 않는다. "아무것도 없어지지 않고, 아무것도 창조되지 않고, 모든 것이 변화한다.” 물질 변화의 기본 원리를 공포한 앙투안 라부아지에(Antoine Lavoisier)의 유명한 공식이 여기서 떠오른다. 합성 화학자는 원재료 또는 이미 부분적으로 변형된 제품을 새로운 레시피로 변형시키는 일종의 요리사다. 단순한 것이든 복잡한 것이든 자신이 설계한 합성 분자를 만들기 위해, 합성 화학자는 요리사가 필요한 재료를 구입하는 것처럼 전문 매장에서 다른 분자를 구입한다. 분말 흑연 형태의 탄소, 액체 질소, 헬륨 같은 용기에 든 기체, 로듐 또는 루테늄과 같은 소위 ‘귀금속’ …… 화학 산업은 수천 가지의 다양한 합성 분자를 판매하고 있다. 가격이 리터 또는 킬로당 몇 유로인 것도 있고, 팔라듐이나 로듐과 같은 희귀 금속의 경우 그램당 약 50유로까지 나가기도 한다. 매우 정교하거나 생화학 분야에 속하는 분자의 경우 훨씬 더 비싼 가격에 판매된다.

합성 화학자의 작업은 이제 이 기본 원료를 사용하여, 실험 전 구상한 ‘합성 계획’에 따라 가능한 엄격하고 정확하게 원자 간의 화학 결합을 일으켜 새로운 분자를 만드는 것이다. 물론 문제가 있을 경우 전략을 수정할 준비가 되어 있어야 한다. 합성 과정의 다양한 단계를 반응이라고 한다. 반응을 통해 분자나 원자(실험의 범위 내에서 ‘반응

물'이라고 부른다)를 화학적으로 연결하여 새로운 구조를 만들 수 있다. 때로는 원하는 반응을 촉진하고 '표적' 화합물을 얻기 위해 매우 복잡한 실험 기법을 사용하기도 한다. 표적 화합물은 대부분의 경우 화학자가 목표에 더 가까이 다가갈 수 있도록 중간 분자가 된다. 그런 다음 표적 화합물은 원하는 분자를 얻을 때까지 더 복잡한 분자로 변환되는 등의 과정을 거친다. 각 단계에서 합성 계획에 따라 결합이 일어날 것을 예측할 수 있어야 하므로, 합성 기술은 화학 반응에 대한 매우 광범위한 지식을 필요로 한다. 또한 예리한 직관력과 이 과정 전반에서 마주치는 수많은 실패를 견디고 극복할 수 있는 대단한 인내심, 확고한 결단력도 필요하다.

한 단계로만 이루어지는 화학 반응의 흔한 예는 수소(H_2)와 산소(O_2)로 물 분자를 합성하는 것이다. 시험관에 이 두 기체 혼합물을 넣고 불꽃을 일으키면 강하고 짧은 폭발이 일어난다. 이 '폭발'은 그 자체로 화학 반응이며, 두 개의 반응 물질이 상호작용하여 결합하기로 합의했다는 신호이다. 그리고 이 반응으로 생성된 분자가 튜브 벽에 미세한 물방울로 나타나는데, 그것이 바로 이 결합의 산물인 $H_2+\frac{1}{2}O_2$, 또는 H_2O이다. 우리는 방금 이 두 원자 사이에 새로운 화학 결합을 만들었다.

사실, 매우 기본적인 이 반응은 예시로 가치가 있다. 이 과정에서 일종의 연료 역할을 하는 수소가 분해되기 때문에 엄밀한 의미에서 합성이라고 할 수는 없다. 이에 비해 에틸아세테이트 제조는 더욱 학술적이지만 거의 비슷하게 간단한 화학 합성의 예다. 에탄올이 들어 있는 와인 한 잔을 아세트산이 들어 있는 식초 한 잔과 섞은 후, 이를 함께 가열하면 새로운 분자인 에틸아세테이트가 생성된다. 이 화합물은 학생들이 쓰는 풀과 같은 특이한 냄새가 난다.

두 개의 H 원자와 하나의 O 원자가 H_2O를 형성하면서 분리되지 않는 이유는 반응을 통해 만들어진 화학 결합 때문이다. 너무 자세히 설명하지 않고 간단히 말하면, 이 결합은 원자들을 둘러싼 양성자와 전자의 교환으로 이루어져 시스템의 전기적 중립성, 따라서 안정성을 보장한다. 여기에서 모든 것이 복잡해진다. 어떤 분자는 쉽게 결합하고, 어떤 분자는 더 어렵게 결합하며, 어떤 분자는 전혀 결합하지 못한다. 일단 결합이 이루어지고 구조가 고정되면, 화학자는 새로운 반응을 진행하여 이 분자를 다른 분자와 결합시킬 수 있다. 대부분의 경우, 과학 문헌 등을 통해 목표로 하는 결합이 이루어질 가능성이 높은지 아닌지 확인할 수 있다. 그러나 항상 그런 것은 아니다. 매우 정교한 분자 조립의 경우, 오직 실험을 통해서만 답을 찾을 수 있다.

합성은 합성 화학자의 전유물이다. 합성은 종종 분자 화학에서 가장 고귀하고 어려운 분야 중 하나로 여겨지곤 한다. 또한 산업 및 연구 분야에서도 많이 활용되기 때문에 화학의 핵심에 자리한다. 합성은 약학과 의학을 비롯한 모든, 또는 거의 모든 산업 분야에서 사용하는 다양한 물질을 다룬다. 특히 합성은 약물·비료·제초제·식품보조제·마약 등 매우 다양한 목적을 가진 화합물을 만드는 데 사용된다. 실험실에서 개발된 분자는 크게 두 그룹으로 분류할 수 있다. 첫 번째 그룹은 인간의 상상에서 비롯된 분자들이고, 두 번째 그룹은 자연에 존재하는 분자나 그와 구조가 비슷한 분자들을 재현한 것이다. 이 두 가지 그룹 안에는 주로 알루미늄이나 규소와 같은 금속과 미네랄을 포함하는 '무기' 또는 '광물' 화학 분자와 주로 탄소·질소·수소·산소 및 주기율표의 여러 원소를 포함하는 '유기' 화학 분자가 공존한다. 주로 인산칼슘이라는 무기 분자로 구성된 뼈를 제외하고, 인체는 매우 복잡한 유기 분자 집합으로 구성되며, 이는 살아 있는 유기체에서 보다 보편적으로 관찰되는 사실이다.

인류가 생물학적 분자를 합성한 첫 번째 사례는 요소(尿素)였다. 이것은 아주 오래된 일이 아니다. 1828년 독일 화학자 프리드리히 뵐러(Friedrich Wöhler)가 요소를 합성했다. 요소는 단백질 분해 과정에서 간에서 생성되고 신장에서 여과되며, 물 다음으로 소변의 주요 구성 성분이다. 수많은 위대한 과학적 진보와 마찬가지로, 뵐러는 실험실에서 우연히 두 가지 무기 화합물(사이안산알루미늄과 염화암모늄)을 혼합하고 가열하다가, 생명 현상에서 나타나는 이 분자를 합성하는 데 성공했다. "인간이나 개의 신장을 사용하지 않고도 요소를 만들 수 있습니다." 그는 즉시 자신의 스승인 화학자 옌스 야코브 베르셀리우스(Jöns Jacob Berzelius)에게 알렸다. 그 충격은 엄청났다. 광물 분자로부터 생물학적 분자를 얻을 수 있다는 사실이 알려지면서, 생물학적 분자에 신비롭고 헤아릴 수 없는 생명의 숨결이 있다고 믿는 이른바 '생기론자' 이론에 종지부를 찍었다. 생화학의 이 위대한 발견 이후로 인간은 자연이라는 영역에서 사냥을 멈추지 않고 점점 더 복잡한 생명 분자를 합성하기 위해 끊임없이 노력해왔다.

여러분은 비타민 B_{12}에 익숙할 것이다. 이 유기 분자는 천연 또는 합성 형태의 캡슐로 인근 약국의 선반에서 쉽게 찾을 수 있다. 화학자들에 의하면, 비타민 B_{12}는 인체에서 생성되지 않지만 뇌, 신경계 및 면역계의 적절한 기능에 관여하는 등 신진대사에 필수적인 영양소이다. 주로 박테리아와 곰팡이 같은 미생물에 의해 자연에서 만들어지며, 우리는 비타민 B_{12}를 음식을 통해 섭취한다. 소나 송아지 또는 양의 간, 토끼 고기, 굴이나 고등어와 같은 특정 해산물에도 풍부하게 함유되어 있다.

비타민 B_{12} 분자는 너무 복잡해서 실험실에서 합성하는 것은 오랫동안 인간의 지능으로는 불가능하다고 여겨졌다. 하지만 1960년대 초 하버드 대학의 로버트 우드워드(Robert Burns Woodward)와 취리히 에콜 폴리테크니크(École Polytechnique)의 알베르트 에셴모저(Albert Eschenmoser)라는 두 천재적인 화학자의 자유로운 정신에서 이 미친 프로젝트가 탄생했다. 이 일에는 믿기지 않을 정도로 엄청난 노력이 들어갔다. 이 업적을 달성하기까지 19개국 91명의 박사후 과정 및 박사 과정 학생들이 11년 동안 매달려야 했다. 만약 한 명의 화학자가 이 과학의 에베레스트산에 도전했다면 정상에 도달하는 데 177년이 걸렸을 것이다. 우드워드는 1972년에 이 업적을 달성하기 전에도 콜레스테롤, 퀴닌, 코르티손, 엽록소 등 자연에서 발견되는 여러 가지 복합 분자를 합성한 공로로 1965년 노벨 화학상을 수상한 바 있다.

왜 그렇게 어려운 것일까? 기억해보자. 에탄올과 식초를 혼합해 얻은 에틸아세테이트의 합성은 한 번의 반응으로 이루어진다. 비타민 B_{12}의 합성에는 100단계가 필요하다. 이 분자 성배를 손에 쥐기 위한 100개의 단계가 그다지 많지 않게 들릴 수도 있다. 앞서 강조했듯이, 화학자가 복잡한 분자를 합성하기 시작하면, 그 반응의 성공을 예측할 수 없거나 나쁘게 예측할 수 있다. 분자 A로 시작하여 25단계를 거쳐야 하는 분자 Z의 합성을 시작했다고 상상해보자. 분자 A를 분자 B로 변형시키는 첫 번째 반응은 쉽게 성공할 수 있다. 하지만 B가 C가 되도록 허용하는 반응이 단번에 작동할 것이라고 확신할 수 없다. 이제 수백 번의 시도와 수 리터의 땀을 흘린 끝에 모든 단계를 거쳐 분자 Y를 얻게 되었다고 생각해보자. 하지만 분자 Z('표적' 분자)를 조립하려는 모든 시도는 실패한다. 당신의 전략이 옳지 않았기 때문이다. 따라서 당신은 A부터 다시 시작해야 할 수도 있다. 새로운 전략도 언젠가는 막다른 골목에 이르지 않으리라는 보장이 없다. 여러분은 방금 내가 가깝게 지내는 대부분의 화학자들처럼, 과학적 도전에 대한 취향과 무한한 낙천주의에 이끌려서 우드워드, 에셴모저와 그 연구팀이 수행한 작업이 얼마나 어려운지 확실히 이해했을 것이다.

그 이후로 이와 비슷한 다른 위업들도 쌓여갔다. 내가 잘 아는 화학자의 연구도 그중 하나다. 1995년, 미국으로 귀화한 키프로스 출신의 화학자 키리아코스 코스타 니콜라우(Kyriacos Costa Nicolaou)와 캘리포니아 라호야(La Jolla)에 위치한 스크립스(Scripps) 연구소의 공동 연구진 20명은 멕시코만에서 증식하는 조류 종에서 생성되는 신경독성 방어 분자 브레베톡신 B(Brevetoxin B)를 합성하는 데 성공했다. 12년 동안의 엄청난 노력 끝에 123단계의 최종 승리 전략이 탄생했다. 이 발견이 있고 나서 몇 주 후에 작성한 논문에서 니콜라우는 이 프로젝트의 진행 과정을 이타카로 향하는 긴 여정에서 끊임없이 '모험과 좌절의 연속'에 부딪히는 율리시스의 서사시와 비교하며 유머러스하게 표현했다.

자연이 고안한 이 두 가지 기념비적 화학물은 교묘하게도 과학의 공세에 굴복했지만, 다른 기념물들은 모방조차 할 수 없다. 심지어 완전히 이해되지도 않았다. 수많은 예가 있지만, 특히 한 가지가 나를 매료시켰고 지금도 여전히 그러하다. 중등학교 때부터 그 기본 원리를 배우고 매 순간 우리 주변에서 나타나지만, 아직 그 깊은 메커니즘을 설명할 수 있는 사람은 아무도 없다.

앞의 두 분자를 명작에 비유한다면, 광합성은 루브르 박물관에 비유할 수 있다. 그러나 이론상으로 광합성은 그렇게 복잡할 것이 없다. 식물 잎에 풍부하게 존재하는 분자인 엽록소는 빛을 흡수한다. 그런 다음, 이 작업을 담당하는 단백질은 공기 중에 존재하는 CO_2를 흡수한다. 한편으로 뿌리에 존재하는 물과 다른 한편으로 화학 에너지로 전환된 태양 에너지 덕분에 CO_2 분자는 조직으로 변환된다. 이 과정에서 식물의 관점에서 노폐물처럼 보이는 것, 즉 산소가 방출된다. CO_2와 물이라는 두 가지 반응물은 빛이라는 에너지원에 노출되어 새로운 요소를 생성하는 것이다. 광합성은 그 이름 그대로 합성 과정이다. 이는 가장 학술적인 의미의 합성 과정이며, 매우 정밀한 광학 화학 과정이다. 광합성은 식물뿐만 아니라 광합성 세균과 같은 일부 박테리아에서도 이루어진다.

광합성과 그에 대한 나의 매혹은 내 직업 생활, 그

리고 어느 정도 내 인생을 이끈 붉은 실타래 중 하나다. 십 대에 처음으로 숲을 탐험한 이후, 나는 식물에 대한 호기심을 잃지 않았다. 근무 시간 외에도, 그 호기심은 정원 가꾸기에 대한 열정으로 발전했다. 광합성이 생명체의 다른 모든 합성 과정과 구별되는 독특한 특징은 필요한 에너지를 영양소가 아닌 빛에서 얻는다는 것이다. 이런 점에서 발아는 정말 경이로운 현상이다. 식물을 키우는 모든 즐거움 중에서 나에게 가장 큰 만족감을 주는 것은 발아하는 것이다. 잠깐 생각해보라. 한 줄기 빛에서 끌어낸 에너지 덕분에 단순한 씨앗이 장엄한 식물로 성장하는 것을 보는 일은 너무도 직관에 반하는 장관이라 숨이 막힐 지경이다.

나는 해외에서의 다양한 활동으로 이 취미를 키우곤 했다. 2009년부터 2012년까지 시카고 북부 교외에 있는 노스웨스턴 대학에서 시간강사로 재직했다. 미국의 명문 대학이 흔히 그렇듯이 대학 캠퍼스는 프랑스의 가장 아름다운 공원을 능가하지는 못하더라도 그에 버금가는 녹색 에덴동산이다. 엽서 같은 분위기를 자아내는 미시간 호수를 둘러싸고 강렬한 생명력을 자랑하는 수많은 종류의 나무들이 자라고 있으며, 높이가 30미터에 이르는 나무도 많았다. 나는 그곳을 걷는 것을 좋아했다. 마지막 체류 기간 동안, 나는 화학과 건물로 가는 길에 있는 나무 밑에서 큰 씨앗을 네다섯 개 주워 가방에 넣었다. 프랑스 법은 외국에서 식물 종자를 들여오는 것을 금지하고 있지만, 나는 그 작은 위험을 감수하기로 했다. 파리에 도착했을 때, 프랑스 세관은 나를 그냥 보내주었다. 나는 스트라스부르의 내 정원에 수확물을 심었다. 이 씨앗들은 발아해서 나에게 너무도 큰 행복감을 안겨주었고, 1미터 정도의 작은 나무 두 그루로 자라났다. 그 후, 이 나무들을 이탈리아로 옮겼다. 나는 이탈리아에 집이 있었고, 그곳에 있는 더 넓은 정원과 온화한 겨울이 나무들의 성장에 이롭겠다고 생각했다. 이제 이 나무들은 키가 4미터가 넘는다. 프레이저 스토더트(Fraser Stoddart: 2016년 노벨 화학상을 저자와 함께 공동 수상한 영국 화학자—옮긴이)의 조수인 친구가 나무의 종을 식별하는데 도움을 주었다. 이 나무는 미국주엽나무(*Honey locust*)로 프랑스에서는 쥐엄나무로 알려져 있으며, 150년 동안 살 수 있고 키가 최대 25미터까지 자랄 수 있다!

지구상의 생명체가 40억 년 전에 출현했다는 생각은 매우 합리적으로 보인다. 안타깝게도 우리는 이 시기의 초기 생명체, 즉 고세균, 박테리아 및 그들의 조상에 대해 아는 것이 많지 않다. 반면, 사이아노박테리아(남조류)는 산소 분자를 생성하는 광합성을 할 수 있는 최초의 생명체로 보인다. 아마도 약 24억 년 전에 발생했을 것으로 추정되는 이 중요한 사건으로 인해 대기는 급격하게 변화되었다. 그 후 오늘날 우리가 알고 있는 것과 유사한 식물 광합성이 나타났다. 유일하게 산소를 생성하는 광합성이 없었다면, 인류는 진화의 틀 안에 갇혔을 것이다. O_2라는 이 특별한 기체는 실제로 독특한 특성을 가지고 있으며, 그중 가장 중요한 것은 바로 산화력이다. O_2는 호흡기를 통해 우리 혈액에 침투하여 영양소를 연소시켜 우리 신진대사에 필요한 에너지를 만들어낸다. 또한 O_2는 반응성이 매우 낮고 주변 분자들과 거의 섞이지 않는 화합물로, 우리 몸에 쉽게 흡수된다. 마지막으로, 그 산화력은 전용 효소 덕분에 극한의 온도가 아닌 상온에서 나타난다.

식물은 우리를 즐겁게 해주기 위해 또는 온실 효과를 줄이기 위해 이산화탄소를 산소로 전환하는 것이 아니다. 산소 방출은 광합성 반응에서 생성되는 일종의 부산물, 즉 그 결과이며, 우리는 이를 잘 활용할 수 있게 되었다. 식물에게 있어서 더 이기적인 목적은 성장에 필요한 것, 즉 조직(당류), 지방 및 기타 화학 성분을 생산하여 궁극적으로 잎, 줄기 및 꽃을 형성하는 것이다.

광합성의 메커니즘에 대해 좀더 살펴보자. 엽록소 분자는 우선 녹색을 띠기 때문에 태양 광선이 방출하는 광자(photon) 중 일부를 흡수한다. 엽록소는 색소 분자이며, 이것은 우연이 아니다. 엽록소가 투명했다면, 광자는 엽록소를 통과하여 땅에 '부딪혔을' 것이다. 그랬다면, 역사도 끝나고 동물의 생명도 끝나고 인류도 끝났을 것이다. 만약 엽록소가 검은색이었다면 엽록소에 닿는 모든 광자를 포착했을 것이다. 자연은 왜 이렇게 탐욕스러운 선택을 하지 않았을까? 왜냐하면 자연은 모든 광자를 사용할 필요가 없기 때문이다. 광자의 일부만으로도 충분히 행복할 수 있기 때문이다. 사실, 엽록소는 태양 에너지 스펙트럼의 특정 파장만 사용한다. 인간의 피부와 마찬가지로 엽록소는 너무 강력한 자외선을 좋아하지 않기 때문에, 슈퍼마켓에서 판매하는 것과 비슷한 성질을 가진 일종의 천연 자외선 차단제로 자신을 보호한다. 자외선을 제외하고 가장 적게 흡수되는 파장은 녹색이다. 스펙트럼의 이 부분은 흡수되지 않고 우리 눈을 향해 반사되어 나뭇잎을 녹색 물체로 인식되게 한다.

첫 번째 단계를 거치고 나면, 광합성의 진정한 여정이 시작된다. 내용을 아무리 간단하게 설명해도, 이 과정이 끔찍할 정도로 복잡하다는 것을 짐작할 수 있을 것이다. 감광성 안테나 덕분에 광자는 자신의 궤도에서 평화롭게 중력을 받고 있던 엽록소 분자의 전자 중 하나를 에너지가 더 높은 다른 궤도로 밀어낸다. 이를 해당 엽록소 분자의 광여기(光勵起) 상태(엽록소 분자가 빛을 받아 높은 에너지 상태가 되는 것—옮긴이)라고 한다. 광여기 상태에서는 안테나의 다른 분자로 에너지를 쉽게 전달할 수 있으며, 이 과정은 '에너지 전달'에 관여하는 수많은 분자로 확대된다. 이때 에너지는 손실 없이 전달되기 때문에, 안테나에 흡수된 에너지는 멀리까지 이동할 수 있다. 안테나 분자 중 하나의 광여기 상태가 목적지, 즉 소위 반응 중심에 있는 매우 특정한 엽록소 분자에 도달할 때 진정한 화학이 시작되기 때문에, 이러한 에너지 전달은 꼭 필요하다. 동일한 분자와 쌍을 이루는 이 분자가 여기 상태가 되면, 이것은 강력한 '전자 공여체'가 되고 화학 작용이 시작된다. 즉, 처음으로 전자가 다른 반응 중심 구성 성분(다른 엽록소)으로 전달되는 것이다. 이렇게 함으로써, 이 전자는 다른 궤도로 이동하여 새롭게 음전하를 띠게 된다. 논리적 결론은 전자를 잃은 궤도는 양전하를 띠게 된다는 것이다. 전자 전달이라고 불리는 이 작업은 화학자들에게 여기 현상과 마찬가지다.

이렇게 분리된 +전하와 −전하는 어떻게 될까? 두 전하가 서로 끌리기 때문에, 즉시 재결합할 것이라고 직감적으로 가정할 수도 있다. 만일 그렇게 된다면, 생성된 에너지는 무의미하게 열을 방출할 것이다. 그러나 두 전하는 서서히 멀어지고, 이것이 광합성이 경이로운 이유이기도 하다. 여기서 멀어진다는 것은 킬로미터 단위가 아니라, 수십억 분의 1미터에 해당하는 거리를 말한다.

이러한 분리는 마치 구슬이 도미노에 부딪히는 것처럼 연쇄적으로 화학 반응을 일으킨다. 일련의 매우 복잡한 화학 반응으로 인해 식물에 존재하는 물이 산소〔또는 이산소(O_2)〕로 산화된다. 한편 전하는 주변 이산화탄소를 식물의 유기 조직의 원료인 당류, 셀룰로스로 전환하는 데 사용된다.

이렇게 설명하면 이 과정은 그렇게 복잡해 보이지 않을 것이다. 그러나 우리가 주요 단계를 이해하더라도, 반응 중심을 구성하는 분자 공장의 중심부에서 일어나는 반응은 너무 정교하다. 화학자들은 기술적 수단을 이용할 수 있음에도 불구하고 실험실에서 재현해낼 수 없으며, 그 과정을 근본적으로 이해하지도 못하고 있다. 한번 생각해보자. 물 분자가 세 개의 원자를 가지고 있을 때, 반응 중심에는 1만 개의 원자가 있다. 우리는 구조, 원자의 종류와 배열, 화학 원소의 결합이나 전하 이동에서 특정 단백질이 하는 역할에 대해 자세히 알고 있다. 악보를 알고 이해한다고 해서, 우리가 모두 연주를 할 수 있는 것은 아니다. 모든 것이 너무 빠르게 진행되며, 우리가 이해할 수 없을 만큼 극도로 조화롭고 정확하게 이루어지고 있다. 거의 들리지 않는 음표, 찰나의 쉼표, 미묘한 비브라토를 제안할 수 있는 지휘자가 우리에게는 없다. 자연은 우리가 휘파람으로밖에 흉내낼 수 없는 교향곡을 연주하고 있다.

1985년이 되어서야 우리는 반응 중심을 눈으로 보고 그 수수께끼를 풀 수 있게 되었다. 이것은 그 자체로 위업이었다. 요한 다이젠호퍼(Johann Deisenhofer), 로베르트 후버(Robert Huber) 및 하르트무트 미헬(Hartmut Michel)이 이끄는 독일 생화학자 및 결정학자 팀이 있었기에 가능했다. 이 연구팀은 매우 강력한 X-선 회절 기술을 통해 원자 하나하나의 구조를 밝혀냈고, 구겨진 종이 공처럼 보이는 이 복잡한 분자 얽힘의 윤곽을 3차원으로 모델링할 수 있었다. 기술적 도전은 엄청나게 어려웠고 노벨 위원회도 이 사실을 잘 알고 있었기 때문에 1988년 그 유명한 상(노벨 화학상—옮긴이)을 이 세 사람에게 공동으로 수여했다. 스웨덴 과학 아카데미는 보도자료에서 "지구상에서 가장 중요한 화학 반응"에 대한 이해의 돌파구를 마련한 것에 찬사를 보냈다. 나라도 이보다 더 잘 표현할 수는 없었을 것이다. 그 논문과 삽화를 보면서 나는 크게 감동했다. 내 주변 생물학자들은 이미 잘 상상할 수 있는 것을 실제로 본다고 감탄할 이유가 있냐고 반문하며 내 열정을 이해하지 못했다. 내가 느낀 흥분은 이러한 순수한 과학적 고려를 넘어 자연의 친밀함 속으로 들어간다는 희귀한 느낌에서 오는 흥분이었다.

오늘날까지도 광합성의 수수께끼는 완전히 풀리지 않았다. 여전히 인간의 과학에는 극복해야 할 장애물이 남아 있다. 이 화학적 '생명력'은 우리가 아직도 이해하지 못하는 빠른 속도와 정확성으로 실행되는 분자의 교향곡이다.

미시적 규모뿐만 아니라 천문학적 규모에서도 이 엄청난 움직임은 결코 멈추지 않는다.

본질적으로 불안정한 이 성질을 나와 내 팀은 부분적으로나마 모방하는 데 성공하게 된다.

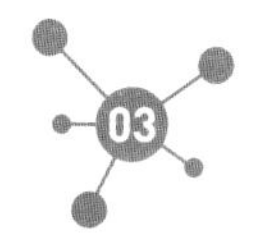

거꾸로 된 엔진

움직임은 물리적 속성의 상수이며, 내 직업 생활에서 항상 주요한 주제 중 하나이다. 이런 불안정한 운동 성향은 관찰 가능한 세계, 심지어 생명 분야의 전유물이 아니다. 우리 안팎 언제 어디서나 모든 것이 움직인다.

1920년대 초 미국 천문학자 에드윈 허블의 공헌 이후로, 우리는 우주가 계속 팽창하고 있다는 사실을 알게 되었다. 이것은 그 자체로 이미 놀라운 일이지만, 빅뱅 이후로 우주가 항상 이렇게 팽창해왔으며, 그 속도가 점점 더 빨라지고 있다는 사실은 더욱 놀라운 일이다. 현대에 와서도 전문가들은 이 팽창 속도에 대해 논쟁을 벌인다. 아인슈타인이 일반 상대성 이론 모델에서 이미 예측했지만, 전문가들은 오랫동안 이를 부인해왔기 때문이다. 2011년에 허블의 이름을 딴 망원경은 지구에서 여러 은하가 멀어지는 속도를 관측했다. 그리고 우주의 팽창 속도를 메가파섹(300만 광년)당 초속 74킬로미터라는 상수를 사용하여 나타냈는데, 이 상수는 거리가 멀어짐에 따라 나타나는 가속도를 표현한다. 즉, 이 현상은 무한히 넓은 공간에서 관찰할 수 있다는 것을 보여준다. 같은 은하 내에서 두 천체 사이의 거리는 너무 짧아서 이 팽창을 실제로 감지할 수 없다. 동시에 행성·별·은하계는 만유인력의 법칙에 따라 움직인다. 우주의 팽창은 이에 대해 반대 힘으로 작용하면서 완전한 의미를 가지게 된다. 그렇게 하지 않는다면, 중력은 천체들을 서로 끌어당겨 부딪히게 할 것이다. 흔히 그렇듯이 자연은 잘 설계되어 있다.

스펙트럼의 다른 쪽 끝, 무한히 작은 세계에서도 물리적 세계는 정적이지 않다. 원자 수준에서는 양자역학의 법칙이 적용된다. 이것은 나와 같은 화학자의 역량이나 관점을 벗어나기 때문에 세부적인 내용을 다루지는 않겠다. 단지 베르너 하이젠베르크(Werner Heisenberg)의 불확정성 원리를 매우 단순화한 버전으로 간단히 언급하고 넘어가자. 기본 원자 및 아(亞)원자 입자는 계속 움직이고 있지만, 우리는 공간에서 속도와 위치를 모두 정확히 알 수 없다. 어쨌든 이 양자 운동은 분자 화학자의 작업에 영향을 미치지 않을 정도로 미세하다.

더 큰 규모, 즉 내게 더 익숙한 분자 수준에서는 더 쉽게 측정이 가능해서 약간 덜 혼란스럽다. 여기서는 불활성 분자와 생명체를 구성하는 분자라는 두 가지 범주를 구분해야 한다. 두 경우 모두 움직임이 많지만, 전자는 무작위로 움직이는데, 후자는 통제된 움직임과 무작위 움직임에 모두 반응한다.

따라서 완전히 불활성이 아닌 불활성 분자는 열에너지의 영향을 받아 움직이며, 그 속성은 그 자체로 설명된다. 열은 모든 규모에서 존재하지만, 관측 가능한 물리적 세계의 물체나 중력이 강한 행성보다 나노 또는 미세한 물체에 훨씬 더 큰 영향을 미친다. 이 힘은 절대영도(섭씨 영하 273.15도)로 더 잘 알려진 0켈빈(kelvin) 이상의 모든 온도에서 나타난다. 절대영도 이상에서는 분자와 아주 작은 입자가 꿈틀거린다. 육안으로는 보이지 않지만, 현미경으로 보면 채널 신호가 잡히지 않는 TV 화면의 '눈 내리는' 모습처럼 입자가 꿈틀거리는 것을 볼 수 있다. 열에너지에 의해 구동되는 이러한 운동을 브라운 운동이라고 한다. 이 운동은 완전히 무작위적이므로 예측할 수 없으며, 각 입자는 거대한 핀볼 기계 안에 있는 것처럼 다른 입자와 충돌하여 궤도에서 벗어나게 되고, 그 입자는 또다시 다른 입자와 충돌한다. 한 물리학자는 우연의 변덕에 따른 이러한 혼돈을 설명하는 또 다른 적절한 비유를 발견했다. 예를 들어, 화학자가 연구하는 용매 분자와 혼합된 분자는 마치 산 꼭대기에 쌓여 있는 것처럼 눈, 우박 또는 바람에 의해 끊임없이 흔들리다 변형되거나 심지어 분리되기도 하는 교란을 겪는다.

왜 거시적 규모에서는 이러한 분자 운동이 나타나지 않을까? 단순한 형태의 식탁이나 물방울은 분자 구조가 그렇게 불안정한데도 왜 고정된 것처럼 보일까? 왜냐하면 둘 다 브라운 운동에 민감하지 않고 열역학적으로 안정된 거시적 물체이기 때문이다. 간단히 말해, 식탁이나 물 한 방울을 구성하는 분자 구조는 열에너지뿐만 아니라 전기 에너지와 화학 에너지 등 원자 간 에너지 교환의 산물이다. 이러한 교환이 관련된 모든 당사자를 만족시킬 때, 우리 구조물은 열역학적 평형점에 도달했다고 한다. 즉, 더이상 진화하지 않고 환경과의 화학적 상호작용을 멈추게 된다. 자동차 엔진 안에서 움직임이 있더라도, 이러한 평형 상태는 우리 인간이 보기에 고정된 전체처럼 보인다.

열에너지는 생명체의 분자에도 영향을 미치며 차별을 두지 않는다. 그러나 다른 원동력이 존재하여 브라운 운동의 중요성이 상당히 최소화된다.• 이 경우 분자는 스스로 움직이고 주위의 다른 분자를 움직이게 할 수 있는 능력을 가지고 있다. 이번에는 우연히 개입할 여지가 없으며, 특정한 방향을 따라 매우 구체적인 목표를 달성하도록 프로그래밍되어 있다. 모터 단백질이라는 이름은 이 특별한 힘을 강조한다. 모든 살아 있는 세포에 존재하는 이 단백질은 실제 기계처럼 작동하며, 자신에게 부여된 작업을 자율적으로 수행하도록 프로그래밍되어 있다.

이 계열에 속하는 두 가지 단백질은 경이로운 생명 공학에 대한 놀라운 통찰력을 제공한다.

이 중 첫 번째인 키네신〔kinesin: ATP를 분해하면서 생성되는 에너지를 이용해 미소관(microtubule)을 따라 움직이며, 세포 내 세포분열, 물질의 이동 등을 담당하는 운동단백질—옮긴이〕에 대해 들어보았을 것이다. 심지어 본 적도 있을 것이다. 2006년

• 특정 목적을 위해 열에너지를 전달하고 활용하는 '브라운 래칫'이라는 생물학적 과정이 있다. 혼돈을 피하기 위해서 이에 대해 언급하진 않겠다.

에 하버드 생물학 연구소에서 제공한 지침에 따라 제작된 3D 애니메이션이 인터넷에서 인기를 끌었고, 지금도 계속 공유되고 있다. 이 애니메이션은 컴퓨터로 모델링된 키네신이 마치 오벨릭스〔Obélix: 프랑스 만화 《아스테릭스(Astérix)》의 주요 등장인물—옮긴이〕가 선돌을 들고 있는 것처럼 엔도르핀 호르몬을 등에 짊어지고 있는 모습을 보여준다.• 이것이 바로 키네신이 하는 일이다. 우리 세포에 존재하는 모든 움직이는 단백질 가운데 키네신은 보행 운송자의 기능을 수행한다. 이 애니메이션은 키네신의 일상을 재구성한 화면의 아름다움에 걸맞게 큰 성공을 거두었다. 줄타기하는 사람처럼 분자 튜브 위에서 균형을 잡고 있는 키네신은 마치 걷고 있는 것처럼 보인다. 키네신은 실제로 한 발짝씩 움직이는 듯한 인상을 준다. 이것은 꿈같은 상상이 아니라 현실이다. 키네신이 일하는 모습을 현미경으로 관찰할 수 있다면, 우리는 이 현상을 볼 수 있다. 한 가지 예외가 있다면 걷는 것이 아니라 빠른 속도로 달리고 있다는

• 비디오는 애니메이션 스튜디오 XVIVO Scientific Animation의 유튜브 계정에서 'The Inner Life of a Cell by Cellular Visions and Harvard'라는 제목으로 찾아볼 수 있다. https://www.youtube.com/watch?v=y-uuk4Pr2i8.

점이다. 필요한 에너지가 충분하고 짐이 너무 무겁지 않다면, 키네신은 초당 100보를 걸을 수 있다. 인간의 척도로는 시속 300킬로미터로 달리는 셈이다.

이 놀라운 의인화 외에도 키네신이 운반을 수행하는 데 어떤 힘이 작용하는 것일까? 어떤 에너지가 키네신을 이토록 빨리 움직이게 하는 것일까?

그 해답은 바로 키네신의 '발'• 에 붙어 있다. 그것은 바로 ATP(아데노신삼인산)와 그것을 생성하는 효소인 ATP 합성 효소이다.

역방향으로 작동하여 연료를 생산하는 내연기관이 있다고 상상해보자. 기존 내연기관에서 휘발유를 산화(연소)하는 이산화탄소와 물과 같은 역할을 하는 ADP(아데노신이인산) 분자가 '스테이터〔stator: 회전하는 전기 기계의 부품 중 하나로, 회전자(rotor)를 둘러싸고 고정된 위치에 있다. 여기서는 생물학적 의미로 사용되어, 세포 내부의 구조물 중 하나를 의미한다—옮긴이〕'의 여섯 가지 필수 구성요소인 단백질 사이에 있는 틈새로 유입된다. 그런 다음 내연기관 연료에 해당하는 ATP로 변환된다. 이 변환을 수행하는 데 필요한 에너지는 막(마치 전

• 키네신의 '걷는' 부분은 사실 발이 아닌 두 머리에 해당한다.

지처럼 작동한다)을 통한 양자의 이동으로 제공된다. 이로 인해 ADP는 ATP로 전환되고, 정전기 에너지가 화학 에너지로 변환된다. 그리고 이 화학 에너지는 효소에 제공된다. 이 에너지를 사용하여 효소는 세포의 다양한 요구를 충족시킨다. 말하고, 생각하고, 달리고, 식탁에서 소금 통을 쥐는 것 등 …… 우리의 모든 행동과 지각은 ATP 합성 효소에 의해 만들어진 ATP의 동력(추진력)에서 시작된다. 주말이나 휴일 없이 이 과정을 반복하는 생화학 공장인 우리 세포는 매일 우리 무게의 절반만큼을 ATP로 생산하고, 또 같은 양을 소비한다.

ATP 합성 효소를 분자 공장에 비유한 것은 단순히 대중화를 위한 노력의 결과는 아니다. 1997년 이후로 요시다 마사스케(吉田賢右)가 이끄는 일본 생화학자 팀의 놀라운 연구 덕분에 우리는 이 단백질이 어떻게 생겼는지, 어떻게 작동하는지 정확히 알게 되었다. 연구팀은 이 경이로운 생물학적 현상을 관찰하고 그 장면을 비디오에 담았다. 이 발견은 나를 포함한 생물학 및 화학 커뮤니티에 시각적 충격을 주었다. 그것은 마치 회전 엔진과 같았다. 이 회전 엔진은 물레방아나 비행기 프로펠러와 달리 수직축을 돌려 수평 회전 운동을 일으켰다. 이 운동은 왼쪽에서 오른쪽으로 또는 그 반대로 양방향으로 작동한다. 이는 한 방향에서는 ATP를 합성하고 다른 방향에서는 ATP를 가수분해하는 등 순간의 필요에 따라 한 방향 또는 다른 방향으로 회전할 수 있도록 하는 (톱니바퀴의) 멈추개 덕분이다. 하지만 자동차 엔진과 달리 자연은 생태학적인 면에서 더 우수하다. 배기가스와 휘발유 탱크를 연결하는 파이프가 CO_2와 물을 연료로 재활용하는 힘을 가지고 있는 것처럼, 이 공정의 끝에서 ATP는 ADP로 재활용된다.

광합성과 마찬가지로 ATP 합성 효소의 핵심인 화학 반응은 매우 완벽하게 조율되고 동기화되기 때문에, 우리가 이를 재현하는 것은 불가능하다.

아마도 이러한 분자 결합에는 생명체가 가장 잘 간직해온 비밀 중 하나인 움직임을 명령하는 화학적 알고리즘이 숨겨져 있기 때문일 것이다. 이처럼 방향성이 '프로그래밍'되고 제어되기 때문에, 과학자들은 ATP 합성 효소와 키네신을 운동 단백질이 아닌 다른 용어로 지칭하기도 한다.

바로 생물학적 분자 기계.

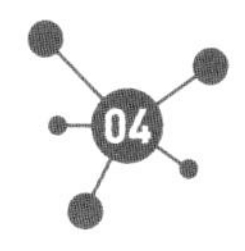

기초를 세운 아버지들

의붓아버지의 말이 옳았다. 대학 입학 준비 과정은 나에게 잘 맞았다. 나는 스트라스부르에 있는 클레베(Kléber) 고등학교에 입학했다. 나는 이 도시에 영원히 뿌리를 내리기로 결심했다. 여기저기 떠돌던 어린 시절은 분명히 내 마음을 열어주고 적응력을 길러주었지만, 나에게 고향과 집처럼 편안하게 느낄 수 있는 곳을 박탈해버렸다. 고등학교 졸업 직전에 나는 부모님께 계속 짐을 싸고 풀어도 좋지만 내 짐은 알자스의 주도(州都)를 떠나지 않을 것이라고 말씀드렸다. 부모님은 이 말을 듣고, 몇 달 동안 바랭(Bas-Rhin) 지방의 시골 마을인 이텐하임(Ittenheim)으로 이사 갔다가, 내가 대학 입학 준비 과정에 들어갈 때 스트라스부르에 정착했다. 일시적이긴 했지만 말이다.

나는 다시 기숙사생이 되었고, 이번에는 자유가 규칙이었다. 학생들은 칸막이를 친 공간에 수용되었는데, 서녁 통금 시간을 제외하고는 동료 학생들과 나는 완전한 자율성 속에서 지냈다. 학교는 대학 입학 준비 과정이 우수하다는 명성을 놓치지 않았다. 교사들은 엄청난 학습량을 강요했다. 나의 우수한 성적은 내가 이 강요에 저항하는 데 도움이 되었다. 성적이 가장 좋은 과목은 수학이었고, 솔직히 말해서 가장 재미있는 과목도 수학이었다. 사실 성적과 재미는 나에게 불가분의 관계다. 나는 마인드 게임, 즉 문제 해결에 대한 도전을 좋아했는데, 언뜻 보기에 난해해 보일수록 더욱 그러했다. 반면에 준비 과정에서 배우는 화학은 그 분야에 대한 흥미를 크게 떨어뜨렸다. 실험과 조작의 즐거움은, 충분히 고상해 보이지 않아서인지, 최소한의 추론만을 필요로 하는 차분한 이론 발표와 연습으로 대체되었다. 용액의 pH를 계산하는 것이 뭐가 그렇게 재미있겠나? 시험 채점에 매우 편리한 정량적 접근 방식을 선호하는 프랑스 병은 절정에 달하고 있었다.

주말에는 가끔 과외로 수학 문제를 풀면서 뉴런을 최대로 작동시키는 즐거움을 만끽했다. 나머지 시간에는 사춘기 시절부터 시작된 음악에 대한 열정을 키웠다. 생물학적 아버지의 그림자는 의심할 여지 없이 재즈, 특히 듀크 엘링턴(Duke Ellignton)과 존 콜트레인(John Coltrane)에 대한 나의 조숙한 관심을 키웠다. 제2차 세계대전 후, 친아버지 카미유 소바주는 점차 ORTF(프랑스 방송협회)의 방송 프로그램 주제곡 작곡으로 전향했는데, 이는 매우 수익성이 높은 것으로 판명되었다. 예예족(yéyé: 춤과 노래로 소일하는 1960년대 젊은 남녀를 일컫는 말—옮긴이)의 물결에 무관심했던 나는 포크너, 헤밍웨이, 콜드웰의 작품에서도 찾아볼 수 있는 미국식 트로피즘(tropisme)이 돋보이는 아트 테이텀(Art Tatum), 오티스 스팬(Otis Spann), 멤피스 슬림(Memphis Slim)의 피아노 블루스를 더 좋아했다. 영화의 경우에는 누벨바그(Nouvelle Vague), 즉 장뤼크 고다르는 물론이고 프랑수아 트뤼포나 루이 말의 작품에 매료되었는데, 루이 말의 영원한 명작 〈사형대의 엘리베이터(Ascenseur pour l'échafaud)〉와 마일스 데이비스(Miles Davis)의 사운드 트랙은 여전히 내 판테온의 최상위권에 있다. 대부분의 경우 시내 산책만으로도 내 사색적 기질을 만족시키기에 충분했다. 스트라스부르의 대성당, 박물관, 고등학교 근처의 클레베 광장 등을 거닐며 나는 그곳을 나의 도시로 만들기로 마음먹었다.

준비 과정 2학년이 시작될 무렵, 수학에서 좋은 성

적을 거둔 덕분에 선생님들은 나를 수학과 물리학을 위한 특별 준비 과정 반으로 가서 과학 엘리트의 대명사인 폴리테크니크(Polytechnique: 파리 국립공과대학)나 퐁에쇼세(Ponts et Chaussée: 국립토목공과대학) 같은 그랑제콜 공대의 입학시험에 대비해보라고 격려했다. 당시 준비 과정의 수준은 대충 이러했다. 우수한 학생은 수학, 아주 우수한 학생은 물리학, 평균적인 학생은 화학, 초보자는 생물학에 도전할 수 있었다. 이것은 어이없이 낙인을 찍는, 정말이지 바보 같은 짓이었다. 하지만 나는 이런 구시대적이고 프랑스적인 구분이 적어도 부분적으로는 여전히 남아 있는 것 같아서 씁쓸하다.

나는 내가 어떤 직업을 갖고 싶은지 명확하게 알지 못했다. 나는 어떤 제안도 받아들일 수 있을 것 같았지만, 준비 과정의 프로그램에 실망했음에도 불구하고 화학은 여전히 내가 가장 좋아하는 과목이었다. 집 지하실에서 처음 실험실을 경험했던 기억이 나를 떠나지 않았기 때문이다. 연구나 산업 분야에서 나는 자연의 내면에 한눈을 파는 즐거움을 다시 찾을 수 있기를 바랐다. 선생님들에게 이렇게 말씀드렸더니, 선생님들은 야망이 없다며 실망했다. 선생님들은 물리학이나 수학을 할 수 있는데 굳이 화학을 할 필요가 있느냐고 말씀하셨다. 물리-화학 선생님조차도 내가 이 방향으로 공부를 계속하는 것을 말렸다. 안타까운 일이었다. 압박감도 컸고 실망시킬지 모른다는 두려움도 있었지만, 나는 선생님들이 말하는 야망에 공감하지 않았다. 나는 내 직감을 믿기로 하고, 현재 PC(물리-화학) 과정에 해당하는 과정으로 2학년을 시작했다.

실제로는 또 다른 개인적 기준이 이 방향으로 선택하는 데 중요한 역할을 했다. 반드시 스트라스부르에 머물고 싶다는 욕망. 선생님들은 이런 고려를 무의미하고 심지어 미성숙하다고 여길 것이기에 굳이 말씀드리지는 않았다. 몇 년 동안의 연구에도 불구하고, 내가 심은 어린 나무들이 뿌리 뽑힐 것이라는 생각은 견딜 수가 없었다. 그런데 당시 스트라스부르 대학 캠퍼스 부속으로 스트라스부르 국립고등화학대학(ENSCS, 현재 ECPM)이 있었다. 가장 직접적인 경쟁자인 파리 국립고등화학대학보다 인지도가 약간 낮았지만, 훌륭한 화학 전문 그랑제콜 공대 중 하나였다. 이 지리적 장점에 자연과 그 경이로움에 대한 나의 사랑이 결합되면서 망설이던 선택을 끝낼 수 있었다. 솔직히 말해서 화학자라는 직업이 실제로 어떤 일을 하는지도 미처 잘 몰랐다. 하지만 화학이 걸쳐 있는 직업군이 충분히 다양하기 때문에, 실험을 좋아하는 내 취향을 만족시킬 만한 곳을 찾을 수 있다는 예감이 들었다.

나는 두세 개 대회에 형식적으로 지원했지만, 스트라스부르 화학대학에서 열리는 대회 결과에만 관심이 있었다. 내 스트레스 수준은 비교적 안정된 편이었다. 화학에 대해 일시적으로 관심이 줄어든 것은 준비 과정의 특정 분위기와 관련이 있지만, 이 과목에서 좋은 점수를 받는 데 아무런 영향을 미치지 않았다. 아무튼 이 대회는 주로 수학·물리학·화학이라는 세 가지 주요 과학 분야에서 뛰어난 학생에게 상을 수여했다. 내가 1500여 명의 참가자 중 1등을 차지할 수 있었던 것은 끔찍하게 어려운 물리학 문제를 푼 덕분이었을 것이다(아마 몇 명만 풀었을 것이다). 이 결과를 알기 전 나는 친구와 함께 스쿠터를 타고 휴가를 떠났었다. 칸 해안의 캠프장에 도착해 텐트를 친 지 얼마 지나지 않아, 캠프장의 한 직원이 전보를 들고 나를 찾아왔다. 그사이 의붓아버지와 함께 파리로 이주한 어머니가 좋은 소식을 전해준 것이었다.

나는 1964년 초에 장학금을 받고 화학대학에 입학했다. 내 예감이 맞았다. 대학 1학년 때부터, 준비 과정 때의 정량적 접근 방식의 따분함은 화학 반응기의 핵심인 분자 과학에 대한 열정적이고 구체적인 몰입으로 바뀌었다. 원자론 수업은 우리를 양자역학이라는 이론의 가마솥에 빠져들게 했고, 무기화학은 마침내 실험의 즐거움을 되찾게 해주었다. 멘델레예프 주기율표의 화학 원소와 그 상호작용에 대한 심도 있는 연구를 통해 마침내 실험실에서 몇 가지 조작을 할 수 있었다. 인의 폭발적인 화학 반응이나 액체 질소(섭씨 영하 196도)의 순간 동결력을 발견하고, 교수와 조교가 건강한 지렁이를 그 안에 담그는 실험을 진행했다. 이런 식으로 지렁이를 얼렸다가 야외에서 인내심을 갖고 녹여주면 대부분 기적적으로 다시 살아나는 것을 보고 어떻게 놀라지 않을 수 있을까? 분자 수준에서 우리 세계를 연구하고 그 세계를 지배하는 반응의 신비에 나는 더욱 확실하게 매료되었다. 그리고 2학년 때 개설된 유기화학 수업을 통해 나의 이러한 성향은 진로 선택으로 이어졌다.

소명 의식 없던 과학자들 이야기가 종종 그렇듯, 촉매 역할을 하는 것은 바로 스승이었다. 나의 경우에는 유기화학 교수님인 기 우리송(Guy Ourisson)이 그랬다. 당시 39세이던 이 교수 겸 연구자는 교육계의 상징적인 인물이었다. 천연 물질 합성이라는 연구 분야의 떠오르는 스타로 학교를 넘어 명성을 떨치고 있었다. 고등사범학교 출신의 교수님은 1950년대 초 하버드 대학에 입학해 식물의 수지 및 냄새를 구성하는 탄소와 수소 원자로 이루어진 분자인 테르펜에 대한 연구로 박사 학위를 취득했다. 당시로서는 드물게 대서양을 건너 유학 갔던 일은 그가 얼마나 현대적인 인물인지 나타낸다. 우리송 교수님의 토요일 오전 8시 수업은 늘 꽉 찼다. 금요일 밤을 새며 즐기던 학생들도 그의 수업을 놓치지 않았다. 진정한 원맨쇼였다. 장난기 가득한 웃음을 머금은 채 교수님은 교탁을 돌며 원자 그룹의 회전을 설명하곤 했다.

어느 날 아침, 우리송 교수님은 친핵성 치환의 화학 반응을 흉내내고 있었다. 분자 하나가 변형되고 다른 분자가 여기에 나타나더니 갑자기 쾅, 서로 결합하고 전체 시스템이 자체적으로 재배열되는 광경이 지금도 눈에 선하다. 이것은 단순히 즐거운 광경이 아니었다. 모두가 이해할 수 있었다. 이러한 소통에 대한 열정에 못지않게, 그는 상황에 따라 자기 말을 바로잡는 유연한 엄격함을 보여주었다. "지난번에 내가 바보 같은 말을 했으니 다시 시작합시다"라고 미리 선언하곤 했다. 우리송 교수님은 그 카리스마와 스트라스부르 대학에 대한 헌신, 그리고 주변 사람들의 깊은 존경심 덕분에 자연스럽게 1971년 당시 스트라스부르 대학 단지의 세 구성 요소 중 하나였던 스트라스부르 과학 및 의학 대학인 루이 파스퇴르 대학의 초대 총장으로 취임했다.

우리송 교수님은 또 다른 저명한 교수인 장마리 렌(Jean-Marie Lehn)의 논문 지도교수를 맡기도 했다. 장마리 렌은 당시에 매우 이례적이었으며 지금도 상상할 수 없는 26세의 나이에 교수로 임용되었다. 그는 정교하고 혁신적인 기법을 사용하여 분자를 연구하는 분야로, 화학과 물리학의 경계에 있는 분광학을 가르쳤다. 그는 당시 물리학자들이 성공적으로 활용했지만, 화학 분야에서는 초기 단계에 있던 핵자기공명(NMR: 의학에서 사용되는 MRI의 기원) 전문가였다. NMR은 매우 다양한 화학 화합물, 재료 및 복잡한 생물 시스템을 연구하는 데 있어 매우 강력한 기술이 되었다. 나보다 겨우 다섯 살 위인 이 뛰어난 인재와 만난 시기는 내 학업에서 약간의 공백기와 일치한다. 2학년 커리큘럼은 금속학이나 전자학과 같은 기술 과목에 더 중점을 두었다. 그것은 예측 가능한 일이었다. 결국 학교는 공학 학위를 수여했고, 만약 화학이 중심적인 위치를 차지하더라도 이 과정은 다학제적 측면을 유지하는 데 그쳤다. 이 모든 것이 몹시 실망스러웠다. 나는 목적 없이 행동하는 것을 좋아하지 않았다. 나에게 구체적인 경험은 앎으로 나아가는 하나의 길이었다. 다시 말해서, 이해가 안 되는 현상을 조명하거나 가설을 검증하기 위한 방법이었다. 나는 적용하기보다는 발견하고, 재현하기보다는 입증하는 것을 더 좋아했다. 엔지니어가 되는 데 관심이 없었다. 이 사실에서 내가 얻을 수 있는 교훈은 단 하나였다. 기초 연구로 방향을 전환해야 한다는 것.

2학년 때부터 나는 그의 수업 외에도 내 졸업 논문 지도를 부탁하기 위한 속셈으로 장마리 렌에게 전략적으로 접근했다. 렌이 가지고 있던 오라(aura)에도 불구하고, 그는 신중하고 따뜻하며 매우 다가가기 편한 사람이었다. 나는 절대적인 권위자나 천재보다는 대단한 과학 애호가를 상대한다는 느낌이 들었다. 렌이 가치 있다고 생각하는 주제에 대해서는 긴 토론이 이어지곤 했다. 두 번째 대화에서 우리는 자연스럽게 반말을 하게 되었다. 나는 렌의 강의 분야와 연구실에 대해 호기심을 드러냈다. 그의 연구실은 물리 유기화학에 더 중점을 두고 있었다. 장마리 렌은 내가 1학년 말에 전체 1등을 했다는 사실을 알고 있었으며, 내 은밀한 암시를 아주 반갑게 받아주었다.

스리 쿠션 당구 효과로 볼 때, 이러한 미래 협업

의 전망은 내 학업에 부정적 영향을 미쳤다. 이미 제한적이던 엔지니어를 준비하는 과목들에 대한 공부 동기가 무너지면서, 내 평균 성적도 함께 무너졌다. 나는 그 사실에 크게 신경 쓰지 않았고, 내 교수님들도 마찬가지였다. 교수님들도 이미 입증된 나의 능력이 연구에 쓰일 것이라고 확신하고 있었다. 3학년이 되었을 때, 나는 더이상 문제를 일으키지 않고 여러 수업을 빼먹는 호사를 누렸다. 공공연히 소홀히 했던 전기공학 기말시험을 앞두고 나는 교수님과 일종의 면죄부를 협상했다. 교수님은 낙제하지 않는 점수인 20점 만점에 3점을 주는 대신 시험이 끝날 때까지 자리를 지킬 것을 제안했다. 대단한 호의였다. 나는 약속을 지켰고 교수님도 마찬가지였다. 종이 울리자, 나는 자리에서 일어나면서 교수님께 공모의 미소로 인사했고, 교수님도 나에게 똑같이 장난스러운 미소로 답했다.

3학년을 마치고 화학공학 학위를 취득하자마자, 렌은 나를 자신의 연구실로 불러 박사 학위 논문을 지도해주겠다고 약속했다. 나는 너무 흥분한 나머지 일반적인 학사 일정이 시작되는 10월이 아닌 1967년 8월부터 학업을 시작하자고 제안했다. 당시만 해도 '휴가'라는 단어의 의미를 전혀 몰랐던(지금도 마찬가지다) 렌은 아무런 문제도 느끼지 못하는 듯했다. 화학대학과 마찬가지로 렌의 연구실은 이 역사적인 도시의 관문인 에스플라나드(Esplanade) 지구에 지어진 스트라스부르 대학 중앙 캠퍼스의 '화학 타워'(15층)에 위치해 있었었다. 돌이켜 생각해보면, 나는 연구실 내부의 모습이나 그곳에서 일하는 사람들의 일상이 어떨지 상상할 수도 없었다. 사실, 그 과정을 알아가는 즐거움과 그들 중 한 명이 된다는 자부심만으로 충분히 행복했다.

결정해야 할 중요한 일이 하나 남아 있었다. 바로 내 논문 주제였다. 렌의 화학은 물리학을 융합하고 탄탄한 수학적 기술을 요하는데, 나는 이 두 가지 분야에 강점이 있었다. 렌의 팀이 자기 공명을 사용해 개발하고 있는 새로운 기술은 아직 거의 알려지지 않았거나 심지어 미개척 상태인 분자 특성과 화학 반응에 대한 베일을 벗길 수 있을 것으로 기대되었다. 이곳에서 분자 구조를 합성하는 것은 아니지만, 전혀 실망스럽지 않았다. 이러한 혁신적 도구들을 통해 아직은 잘 알려지지 않은 분자의 속성과 화학 반응을 탐구하고 개척할 수 있다는 전망은 물질의 작동 원리를 탐구하고자 하는 내 욕구를 충족시켰다.

그때는 내가 미처 몰랐지만, 장마리 렌은 곧 다른 계획을 가지게 될 터였다.

지하실의 백작

내가 렌 연구소에 합류하기 몇 달 전인 1967년 봄, 장마리 렌은 〈미국 화학 학회지(Journal of the American Chemical Society)〉에 실린 한 논문을 보고 큰 충격을 받았다. 우리가 사용하고 있는 셀로판 필름, 냉장고용 냉매가스, 나일론과 같은 다양한 합성 섬유를 개발한 미국의 다국적 기업 듀폰(DuPont) 소속 한 엔지니어의 발견을 다룬 논문이었다. 과학계에 잘 알려지지 않은 62세의 찰스 페더슨(Charles Pedersen)은 은퇴를 앞두고 있었고, 낚시와 조류 관찰을 하며 시간을 보낼 계획이었다. 그는 새로운 플라스틱 소재를 개발하기 위해 합성 실험을 진행 중이었다. 하지만 그의 시도는 연이어 실패했고, 상사들은 점점 무관심과 경멸 사이를 오가며 실망감을 감추지 않았다. 페더슨이 기대한 혁신적인 물질 대신 정체불명의 작은 흰색 결정체들만 실험 용기에 계속 쌓여갔다. 그는 미련을 버리라는 상사의 권유를 무시하고 더 자세히 조사한 끝에 특정 이온(전하를 잃거나 얻은 원자)을 인식해서, 그 이온을 자물쇠에 열쇠를 끼우듯 구멍에 가둘 수 있는 미지의 고리 모양 분자를 합성했다는 사실을 깨달았다.

항상 흥미로운 실마리를 찾고 있던 장마리는 논문이 나오자마자 이 유망한 분야를 깊이 파고들기 시작했다. 페더슨이 왕관을 닮은 고리 모양 때문에 '크라운 에터'라고 이름 붙인 이 새로운 종류의 합성 분자를 통해 화학자로서의 오랜 환상을 실현할 수 있을 것 같았기 때문이다. 즉, 소듐이나 포타슘 이온과 같이 양전하나 음전하를 잃거나 얻은 원자, 또는 고전 분자 화학의 '강한' 결합과 달리 소위 '약한' 결합을 통해 화학적으로 결합하게 된 분자를 인식하고 아주 미세한 방식으로 선별하여 생명체의 특징적인 속성을 모방할 수 있는 분자를 만드는 것이었다.

우리 몸에는 약한 결합으로 다른 분자를 '잠금 해제'하여 특정 화학 반응을 유발할 수 있는 분자들이 많이 있다. 항체에 의해 인식된 항원은 우리 몸의 면역 반응을 유발한다. 호르몬 수용체에 의해 인식된 호르몬은 자신의 능력을 발현한다(인슐린의 경우 포도당 조절, 성장 호르몬의 경우 세포 재생 등). 그 예는 무궁무진하다. 우리 DNA의 이중 나선 구조도 '수소 결합'이라는 약한 결합에 해당하는 분자 구조를 기반으로 한다. 이것은 페니실린 같은 항생제가 박테리아에 감염된 세포막을 인식하고 이를 무력화시킬 수 있는 원리이기도 하다. 기본적으로 이 발견으로 실현하고 싶은 꿈은 수백만 개의 다른 분자들 사이에 뿌려졌을 때 파괴할 분자와 스스로 조립할 능력을 가진 '원격 제어' 분자를 만드는 것이다. 그리하여 간접적으로 원하는 반응을 일으키는 것이다.

내가 연구실에 도착하자마자, 렌은 페더슨이 논문에서 설명한 조작을 재현하여 이 신비한 새로운 분자를 합성하는 임무를 나에게 맡겼다. "페더슨이 말한 대로 작동하는지 확인해야 해"라고 렌이 설명했다. 나는 작업을 시작했고 큰 어려움 없이 작은 흰색 결정을 수집하는 데 성공했다. 하지만 렌의 생각에 이것은 첫 단계에 불과했다. 페더슨은 고리를 2차원으로 합성했는데, 그 결과 이온과 함께 형성된 '복합체'의 안정성이 떨어졌다('복합체'는 크라운에테 고리가 이온을 포획했을 때 형성되는 새로운 분자로, 그 이온이 무엇이든 상관없다). "더 나아가 이온을 '캡슐화'할 수 있는 3차원 분자 골격을 개발해봐. 내가 아는 한 아직 아무도 성공하지 못했어. 네가 최초가 될 거야. 이것이 바로 네 논문 주제야." 바로 그거였다!

이 정도 규모의 도전에 직면하면, 공학 학사 학위만 가진 23세의 학생은 그 과제의 무게에 압도되거나 패닉 상태에 빠질 수도 있다. 하지만 나는 그렇지 않았다. 물론 실망시킬지도 모른다는 두려움으로 스트레스를 받기도 했지만, 목표 완수의 기대감으로 분출되는 아드레날린에 비하면 아무것도 아니었다. 게다가 렌이 항상 내 곁에 있어서 든든했다. 앞서 말했듯이 나는 내 경력에서 높은 지위나 명예를 추구하며 야망을 품어본 적이 없다. 반면에 나는 어떤 연구 분야에 뛰어들 때 과학적으로 매우 야심 찬 면이 있었다. 나는 작은 발걸음에 관심이 없었다. 과학적 도약에 대한 희망이 나에게 동기를 부여하고 시간이 지나도 계속하게 하는 원동력이 되어주었다. 연구 프로젝트의 성공이 피라미드 바닥에 돌 하나 더 추가하는 것에 불과하다면, 그 결과가 불확실한 연구 프로젝트에 몇 달 또는 몇 년의 노력을 기울일 필요가 있을까?

나는 겸손을 통해 번영하기보다는 교만을 통해 실패하는 편을 더 선호한다.

당시 렌 연구실은 따뜻하고 가족 같은 분위기였는데, 나와 같은 박사 과정 학생이나 연구원이 대여섯 명 있었다. 그중 베르나르 디트리히(Bernard Dietrich)는 내 연구 동료이자 가장 친한 친구가 되었다. 나보다 네 살 위인 그는 이미 기 우리송의 연구실에서 실험실 기술자로 탄탄한 경력을 쌓은 터였다. 다시 학업을 시작하면서 베르나르는 더 젊고 역동적인 장마리 연구팀에 합류해 박사 학위를 취득하고 자신의 능력을 향상시키고 싶어 했다. 순수한 알자스 혈통인 베르나르는 스스로 너무 심각하지 않으려고 하는, 오랭(Haut-Rhin) 지역의 소박하고 겸손한 가정 출신이었다. 그래서인지 늘 농담을 입에 달고 살았다.

베르나르와 나는 떼려야 뗄 수 없는 한 쌍이었다. 기술 지식이 나보다 훨씬 뛰어난 그는 내 합성 기술을 평가하고 결함을 수정할 수 있었는데, 이는 드문 일이 아니었다. 내가 저녁 무렵 실험을 시작하면, 이튿날 아침에 그가 실험을 이어받곤 했다. 장마리 연구팀의 근무 시간은 오전 10시경에 출근하고 밤 11시경에 퇴근하는 것으로 정해져 있었다. 퇴근 후 늦은 시간에도 우리의 작은 팀은 동네 바에서 맥주 몇 잔을 마시며 시간 보내는 것을 즐겼다. 결혼하여 이미 어린 아들의 아버지였던 렌은 가장 많이 빠지곤 했지만, 몇 가지 예외는 허용되는 분위기였다.

우리 듀오가 형성한 분자 주위에 새로운 원자들이 모였는데, 1967년 12월 저녁 식사에서 카르멘(Carmen)을 만난 것도 바로 이런 상황에서이다. 카르멘은 내 절친한 친구 중 한 명인 제라르 카넨기서(Gérard Kannengiesser)의 사촌 동생이었다. 그녀는 다소 부유한 가정에서 태어나 철학을 전공한 후 고고학과 미술사를 공부했으며, 문학·영화 등에 능통한 문화의 옹달샘이었다. 나는 짧은 머리에 전염성 있는 열정, 외향적인 기질을 가진 이 작은 여성의 매력에 즉시 빠져버렸다. 세월이 흐르고 자신감이 쌓이면서 나도 조금 더 대담해졌다. 나머지는 화학이 알아서 해줬다. 4년 후 우리는 결혼했고, 1975년 7월 13일에 쥘리앵이 태어나면서 행복한 부모가 되었다. 아내의 변함없는 지원과 관용, 그리고 온갖 시련 앞에서 보여준 낙관주의는 내가 축복받은 경력을 쌓는 데 큰 역할을 했다. 이 자리에서 아내에게 감사를 표한다.

내가 결혼하기 전에 있었던 또 다른 사건은 젊은 박사 과정 학생이던 나의 일상을 뒤흔들었다. 베르나르와 내가 거의 9개월 동안 3차원 크라운을 연구하던 중에 1968년 5월 학생 저항운동이 일어났다. 나는 속박이 심한 사회의 자물쇠를 부수는 자유의 바람을 환영했다. 사회적·직업적 관계를 좌지우지하던 경직된 위계와 계층을 좋아하지 않았기 때문에, 나는 새로운 바람에 빠르게 젖어들었다. 스트라스부르 대학은 소르본 대학은 아니지만, 대학가를 뒤흔든 '상황주의자들'과 그들의 선언문인 '학생 환경의 비참함에 대하여'가 탄생한 곳으로 학생운동의 강력한 거점 역할을 했다. 우리도 집회를 열었다. 나는 타고난 웅변가가 아니어서 발언을 거의 하지 않았지만, 이러한 사상이 지배하는 세상을 위해 권력 계층의 규제를 제거해야 한다는 시민 광장에 참여하는 것이 즐거웠다.

충돌이 일어나는 경우는 거의 없었지만, 너무 흥분한 몇몇 선동적인 사람들이 실험 기구와 시험관 내용물을 창밖으로 던지는 모습을 보게 될까 봐 연구실 앞에서 밤마다 보초를 서야 했다. 이런 몇몇 개별 사건들을 제외하면, 1968년 5월은 내 기억 속에 황홀하고 축제 같은 모습으로 남아 있다.

빨리 성취하고 싶다는 생각에 나는 휴가를 줄였다. 베르나르도 같은 선택을 했다. 덕분에 우리는 한여름에 목표에 도달했다. 우리는 가운데 구멍이 있는 일종의 럭비공 모양 분자를 만드는 데 성공했다. '크립탠드

(cryptand) [2,2,2]'〔다환성 대환상 아미노 에터. 크립탠드는 대환상 아미노 에터를, 크립테이트(cryptate)는 그 금속 착체를 말하지만, 일반적으로 둘을 구별하지 않고 같이 이르기도 한다. 크립텐드 222는 36개의 수소 원자, 18개의 탄소 원자, 2개의 질소 원자, 6개의 산소 원자로 구성되어 총 62개의 원자로 형성된다—옮긴이〕라고 불리는 이 분자는 길이가 1나노미터(10억분의 1미터)로 머리카락 굵기의 3만분의 1이다. 일종의 화학적 벽 덕분에 이 분자는 특정 이온을 식별하고 그 중심에 가둘 수 있다. 장마리는 황홀해했다. 그는 양전하를 띤 입자로 채워지면 자유를 박탈당하고 '크립테이트'가 되는 분자 크립트(crypt)를 '크립탠드'로 부르기로 결정했다. 이 첫 번째 실험의 성공은 당연히 검증되어야 했고, 우리는 동일한 놀라운 결과를 얻기 위해 재현에 착수했다.

1969년 6월, '유기' 분자에 관심 있는 화학자들에게 잘 알려진 영국의 전문 학술지에 우리의 발견을 과학계에 알리는 4쪽 분량의 논문 두 편을 각각 게재했다. 두 번째 논문은 새로운 종류의 분자를 발견했음을 암시하기 위해 의도적으로 절제미를 강조한 〈레 크립타트(Les cryptates)〉라는 제목으로 모두 프랑스어로 작성했다. 이는 과학 저널에서 영어의 주도권에 도전장을 내미는 것으로,

장마리가 제안하고 베르나르와 내가 동의했다. 우리 세 사람은 알파벳 순서로 이름을 표기했다.

화학계에 미치는 영향은 전 세계에서 즉각적으로 나타났다. 그 영향은 수년간 지속되었다. 우리는 이를 예상했고, 이런 인정에 자부심을 느꼈다. 연구소 책임자인 장마리는 자연스럽게 보상과 그에 따른 영예를 누렸다. 나도 베르나르도 그런 점에서 조금도 씁쓸하지 않았다. 장마리의 상상력에서 이 분자 크립트에 대한 아이디어가 탄생했기 때문에 오히려 매우 기뻤다.

모든 분야의 화학자에게 즉각적이거나 잠재적인 응용 분야는 매우 방대하지만, 그중 상당수는 비전문가들이 이해하기 어려울 수 있다. 가장 대표적인 예로 석유 산업을 들 수 있다. 시추 작업은 항상 반복되는 문제에 직면해왔다. 일정 기간이 지나면 유정은 제거하기 어려운 황산칼슘 침전물이 쌓여 막히게 된다. 우리는 이러한 이온을 가둘 수 있는 크립탠드를 아무런 어려움 없이 만들어냈다. 일단 유정에 던져놓으면, 우리의 나노미터 크기의 분자 함정은 황산칼슘 이외의 다른 분자혼합물을 논리적으로 무시하고, 재빨리 황산칼슘을 가운데 가둔다. 그리고 그 침전물을 용해시킨다. 확신은 있었지만 조심스러웠던 해당 석유 회사는 솔루션을 채택하기 전에 테스트를 진행하기로 했다. 결과는 놀랍지 않았다. 완벽하게 작동했다. 안타깝게도 우리 분자의 가격이 너무 비싸서 이 산업 프로젝트는 성공하지 못했다.

이 논문과 그 성공적인 결과는 나를 변화시켰다. 지금까지 많이 언급하지는 않았지만 나는 자신감 넘치는 학생은 아니었다. 스스로를 완전히 실패자라고 생각하지도 않았지만, 내 가치와 결과의 가치를 철저하게 평가절하했다. 사람들은 내가 아주 잘했다고 말했고, 이번에는 나도 그만하면 괜찮다고 생각했다.

성공적인 경험은 내 능력을 증명한다기보다 운이 좋았다는 신호였다. 마치 내가 실패하는 것이 당연하다는 듯이, 나는 매번 놀라곤 했다. 스트라스부르 화학대학 1학년을 마칠 때도 나는 유급할까 봐 두려웠다. 결국 수석으로 마쳤는데도 말이다. 연구 분야에 입문했을 때도 내 능력이 부족하지 않을지 의구심이 들었다. 하지만 논문의 성공으로 그런 생각은 사라졌다. 새롭게 얻은 자신감 외에도, 나는 직업 세계의 공유·격려·화합의 분위기를 알게 되어서, 즐거움과 잠재력을 10배로 늘릴 수 있었다. 내가 내 자리에 있다고 느끼게 해준 이 깊은 행복의 순간을 내 직업적·개인적 최고의 순간들 중에서도 매우 높게 평가한다. 베르나르 디트리히와의 변함없는 우정과 카르멘과의 만남도 이 시기에 대한 행복한 기억에 크게 기여했다.

그 후 몇 년 동안 장마리는 크립탠드의 원리를 점점 더 복잡해지는 분자 구조로 확장하기 시작했고, 그 결과 이온이나 작은 표적 분자를 인식·포획·운반하는 능력이 점점 더 향상되어 생명체를 구성하는 복잡한 분자와 유사한 특성을 가지게 되었다. 곧이어 로스앤젤레스에 있는 UCLA 대학의 미국 화학자 도널드 크램(Donald J. Cram)이 이 장거리 레이스에 합류했다. 1978년에 발표한 일련의 논문에서 장마리는 '초분자 화학(la chimie supramoléculqire)'이라는 이름을 최초로 제시하면서, 이 분야의 창시자이자 주요 공헌자로 자리매김했다. 그는 약한 결합에 의해 구축된 이러한 구조의 새로운 특성을 더 잘 강조하기 위해 '그 이상'이라는 뜻의 '초(supra)'라는 접두어를 사용했다.

1987년 12월 10일, 도널드 크램, 장마리 렌, 찰스 페더슨은 '중요한 생물학 과정을 모방한 분자 합성'에 대한 공로로 노벨 화학상을 수상했다.

수상자 발표 당일인 1987년 10월 14일 정오 무렵, 렌은 연락이 닿지 않았다. 당연히 휴대폰이 없던 시절이었다. 급한 마음에 프랑스 국립과학연구소(CNRS)의 화학 담당 책임자가 장마리 사무실과 다른 건물에 있는 스트라스부르 대학의 내 사무실로 전화를 걸었다. 1935년 상 프레데리크 졸리오퀴리와 이렌 졸리오퀴리 이후 프랑스 화학계에서는 노벨상을 수상한 적이 없었기 때문에 그가 흥분한 것은 당연한 일이었다. "렌을 찾아주세요! 노벨상이 그에게 수여될 거예요! 저를 위해 렌을 찾아주세요!"라고 그가 소리쳤다.

나는 이 발표의 충격에서 회복할 시간이 없었다. 맥박이 뛰는 가운데 두 연구실 사이의 수백 미터를 큰 걸음으로 걸었다. 그의 팀원들은 각자의 자리에서 일하고 있었고, 숨을 돌린 후 나는 그들에게 이 소식을 전할 수 있는 기쁨을 누렸다. 흥분한 팀원들은 당연히 환호성을 질렀다. 하지만 장마리의 흔적은 보이지 않았다. 아마도 점심을 먹으러 갔을 것이다. 우리 중 몇몇이 대표로 샴페인을 사러 동네 슈퍼마켓에 갔다. 우리가 돌아왔을 때도 렌은 여전히 부재중이었다.

이 시점에서 내 임무는 거의 완수되었지만, 나는 과학에 헌신한 인생 최고의 업적에 대한 장마리의 반응을 놓치고 싶지 않았다.

이른 오후가 되어서야 연구실 입구에 장마리가 모습을 나타냈고, 곧바로 박수와 기쁨의 함성이 쏟아졌다.

정말 기쁜 순간이었다. 나는 렌이 처음엔 록스타를 맞은 듯한 환영에 깜짝 놀란 표정을 짓다가, 쏟아지는 박수갈채의 이유에 넋을 잃고 마침내 환한 미소를 짓는 모습을 감격스럽게 지켜보았다.

그 후 나는 내가 만든 역사적 순간을 직접 목격할 기회가 주어졌다는 사실에 행복해하며 파티를 즐기기 위해 자리를 지켰다.

크립테이트를 공개하는 논문을 발표하기 몇 주 전, 그리고 우리 연구의 성공 여부가 아직 비밀로 유지되고 있을 때, 듀폰 관계자들이 장마리 렌을 만나기 위해 스트라스부르로 왔었다. 나도 이 회의에 참석했다. 이 미국 다국적기업의 고위 임원들은 내가 앞에서 설명한 비타민 B_{12}의 합성자로 1965년 노벨상 수상자인 로버트 우드워드의 지도를 받으며 미국에서 박사후 과정을 마친 장마리 렌의 명성이 높아지고 있다는 소식을 이미 알고 있었다.

회의중에 회사의 관리자 중 한 명이 특종을 공개하는 데 동의했다. 회사 엔지니어들이 일종의 3차원 크라운 에테를 준비중이라는 것이었다. "아, 그래요?" 렌은 당황한

표정으로 반응했다. 뜨끔한 그 관리자는 종이와 펜을 들고 서둘러 문제의 분자 다이어그램을 그렸다.

"아, 그렇군요." 장미리는 책상 서랍에 손을 집어 넣어 하얀 결정이 들어 있는 작은 플라스크를 꺼내 손님들 코앞에 내밀면서 대답했다.

"이 얘기를 하고 싶으신 것 같군요."

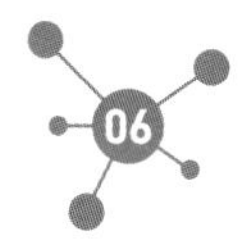

보로메오 고리

'세렌디피티(serendipity)'라는 말을 많이 들어봤을 것이다. 이 말은 과학자가 찾던 것이 아닌 것을 발견하는 일을 말한다. 즉 우연한 발견, 뜻밖의 결실, 오류로 얻은 결과, 전혀 다른 목표를 가진 프로젝트가 예상치 못한 방향으로 전개되면서 얻게 된 결과를 의미한다.

가장 유명한 사례 중 하나는 1928년 알렉산더 플레밍(Alexander Fleming)이 페니실린을 발견한 것이다. 가능한 정리를 미루는 성격이던 영국 생물학자 플레밍은 실험이 끝나면 박테리아 배양물을 실험실 구석에 썩도록 방치하는 경향이 있었다. 어느 날 휴가를 마치고 돌아온 그는 박테리아를 배양하던 페트리 접시 중 일부에 곰팡이가 피어 있었고, 그 곰팡이 주위로 박테리아가 더이상 자라지 않고 있다는 사실을 발견했다.

이렇게 해서 항생제가 탄생했다.

모든 면에서 페더슨의 크라운 에터 합성은 이 정의에 완벽하게 부합한다. 하지만 현대 화학에는 유사한 반향을 불러일으킨 다른 많은 예가 있다.

1965년 미국 생물물리학자 바넷 로젠버그(Barnett Rosenberg)는 대장균 박테리아에 대한 전기장의 영향을 연구하다가 박테리아가 단순히 증식을 멈추는 현상에 주목했다. 다른 과학자들과 함께 머리를 맞대고 연구한 결과, 이 이상한 현상의 원인이 전기장과는 아무런 관련이 없다는 것을 밝혀냈다. 전해 전지에는 전류가 통과할 때 천천히 부식되는 두 개의 백금 전극이 있다. 그 과정에서 이미 오래전부터 알려져 있던 시스플라틴(cisplatine)이라는 분자가 소량 형성되었다. 이 화합물은 세포 분열을 멈추는 역할을 하는 것으로 밝혀졌다. 시스플라틴은 화학 요법에 사용되는 최초의 항암 분자 중 하나이며, 오늘날에도 많은 유도체가 널리 사용되고 있다.

1985년 영국 화학자 해리 크로토(Harry Kroto)는 두 명의 미국인 동료, 로버트 컬(Robert Curl)과 리처드 스몰리(Richard Smalley)의 도움을 받아 거대 적색 별의 독특한 대기에 대한 광범위한 연구에 착수했다. 이 세 연구자와 그들의 공동 연구자들은 우주 공간의 분자에 관심이 있었다. 헬륨 대기에서 탄소를 기화시켜 분자를 생성하려 시도하던 중 그들은 그 잔여물에서 매우 중요한 화합물이 형성된 것을 발견했다. 많은 토론과 실험 끝에 수수께끼가 풀렸다. 그 결과에 이 연구자들뿐만 아니라 전 세계 과학계가 놀랐다. 이 화합물은 축구공과 똑같은 모양을 한 탄소 원자 60개를 가진 분자였다. 지구상에 존재하는 탄소 동소체는 다이아몬드와 흑연뿐이라고 생각하던 화학자들에게 새로운 탄소 동소체의 발견은 큰 충격이었다. '풀러렌(fullerene)'이라고 불리는 이 물질은 기초 연구와 항바이러스제 및 항암제 개발을 위한 의학 분야에서 사용되었고, 이 세 사람은 1996년 노벨상을 수상했다. 마이크로파 전문가인 컬과 스몰리는 처음에는 크로토의 실험이 자신들의 연구 주제와 너무 동떨어져 있다는 이유로 공동 연구 제안을 거절했었다.

1967년, 일본 과학자 그룹은 플라스틱 소재로 아세틸렌을 만들기 위한 '폴리아세틸렌(polyacetylene)' 합성 프로젝트에 착수했다. '폴리아세틸렌'이라는 용어는 단순히 많은 아세틸렌 분자가 서로 결합하여 '고분자'를 형성한다는 의미다. 이것은 대부분의 플라스틱 제조의 일반적 원리다. 어느 날 아침, 실험에 참여한 실험실의 객원 연구원이 반응을 가속하는 데 사용되는 용액인 촉매제의 용량을 잘못 측정하여 정해진 농도의 1000배에 달하는 양을 부어 넣었다. 연구원들은 예상한 검은 가루 대신 아름답게 광택이 나는 은색 필름을 보게 되었다. 10년 후, 팀원 중 한 명인 시라카와 히데키(白川英樹)는 도쿄에서 열린 세미나에서 만난 미국의 앨런 히거(Alan Heeger)와 뉴질랜드의 앨런 맥디어미드(Alan MacDiarmid)라는 두 명의 동료와 이 호기심을 공유할 생각을 하게 되었다. 그들은 상호보완적 연구를 통해 플라스틱 필름이 전기를 전도하는 놀라운 성질을 가지고 있다는 사실을 밝혀냈다. 평면 TV의 OLED 스크린부터 태양광 패널에 이르는 전도성 고분자의 수많은 응용 분야와 막대한 관심으로 인해 2000년 이 세 사람은 노벨상을 받을 만한 충분한 공로를 인정받았다.

이런 수많은 사례에 조금 덜 유명하지만 똑같이 행복한 결과를 가져온, 그리고 내가 자세히 쓸 수 있을 만큼 잘 아는 이야기를 추가하고 싶다.

바로 내 이야기다.

이 이야기는 내 아내 카르멘의 고향인 이탈리아에

서 시작된다. 결혼하기 전인 1960년대 후반에도 우리는 아내의 집안이 뿌리내렸던 마조레호수 인근의 롬바르디아를 자주 여행했다. 이탈리아 북부 지역의 작은 스위스 같은 분위기와 온화한 기후, 풍부한 이탈리아 문화가 더해진 이곳의 엽서 같은 풍경에 나는 반했다. 결국 호숫가 가까운 곳에 집을 사서 개조까지 하게 되었다.

마조레호수 한가운데에는 일 년에 한두 번씩 방문하곤 하던 보로메오제도가 있다. 보로메오 가문은 메디치 가문처럼 이탈리아의 전설적 가문 중 하나다. 15~16세기에 전성기를 누렸으며, 1559년에 선출된 교황 비오 4세를 배출하기도 했다. 로마 출신 보로메오 가문, 밀라노 출신 비스콘티 가문과 스포르차 가문 등 세 귀족 가문은 당시 공국과 도시국가들이 이탈리아 반도에서 끊임없이 전쟁을 벌이던 시기에 서로 동맹을 맺기로 결정했다.

보로메오 가문의 영향력과 번영은 오늘날 보로메오제도의 다섯 개 섬 중 두 곳인 이솔라 벨라와 이솔라 마드레에 이 가문이 지은 두 개의 호화로운 궁전에 고스란히 남아 있으며, 두 궁전 모두 보로메오 궁전이라는 이름을 가지고 있다. 처음으로 낭만적 일탈을 경험하며 멋진 태피스트리와 거장의 그림들 사이를 거닐던 중에, 나와 카르멘은 두 건물의 석조 정면에 새겨진 가문의 문장을 보게 되었다. 켈트족의 트리스켈리온이나 이집트의 앙크 십자가처럼 우리가 알지 못하는 사이에 익숙해진 상징 중 하나이며, 그 의미나 기원을 알 수는 없지만 신화적이고 몹시 난해하게 느껴지는 상징인 보로메오 고리가 바로 그것이었다.

그 이유를 정확히 설명하기는 어렵지만, 세 개의 고리가 얽혀 있는 보로메오 고리는 세 가문의 근본적인 동맹과 삼위일체를 상징한다. 나는 보로메오 고리를 보자마자 그 시각적 균형미과 간결미에 사로잡히고 매료당했다. '불가능하다'고 말할 수 있는 이 오브제는 마치 착시 현상을 전문으로 다루는 마우리츠 코르넬리스 에서(Maurits Cornelis Escher: 네덜란드 판화가. 기하학적 원리와 수학적 개념을 토대로 2차원 평면 위에 3차원 공간을 표현했다—옮긴이)의 위인지 아래인지 구분할 수 없는 계단과도 같았다. 보로메오 고리 역시 우리의 뇌를 속이는데, 보로메오 고리를 그릴 수는 있지만, 예를 들면 종이 띠 같은 것으로 2차원으로 구현할 수는 없기 때문이다.

이 상징은 수학자들에게 잘 알려진 수학적 대상이 되었다. 이것은 19세기에 등장하여 오늘날에도 매우 역동적으로 연구되고 있는 위상수학에서 다루어진다. 위상수학이란 공간에서 물체의 모양이 아니라 그 물체의 '본질적' 속성을 연구하는 기하학의 한 분야를 말한다. 똑같은 점토 덩어리로 접시를 만들고, 그다음 그릇을 만든다고 상상해 보자. 이 두 물체는 위상학적으로 동일하다. 점토를 늘리고 변형하여 만들어야 하지만 구멍을 내거나 찢거나 다시 붙일 필요가 없으므로 두 물체는 서로 동등한 것이다. 이제 접시를 만든 다음 손잡이가 달린 컵을 만들어보자. 두 번째 물체를 만들려면 점토에 구멍을 뚫어야 하기 때문에 이 두 물체는 위상학적으로 서로 다르다.

수학의 한 분야인 매듭에는 매듭 이론이라는 고유한 연구 분야가 있으며, 이 이론은 매우 활발하게 연구되고 있다. 수학적 의미에서 매듭은 종이에 그리면 특정 부분이 교차하는 닫힌 곡선이다. 따라서 묶여 있지만, 양쪽 가닥이 자유로운 '열린' 신발 끈은 이 범주에 속하지 않는다. 자명한 매듭(trivial knot)이라고도 불리는 가장 단순한 매듭은 교차점이 없는 원이다. 그다음으로 세잎 매듭(trefoil knot)은 세 개의 교차점이 있으며, 평면에 투영했을 때 쉽게 재현할 수 있다. 세 개의 고리가 있는 보로메오 고리와 시각적으로 매우 유사한 이 매듭은 아름다운 대칭으로 인해 오랫동안 사랑받아왔으며, 켈트 예술과 초기 기독교인들 사이에서 성삼위일체의 상징으로 여겨졌다.

교차점의 개수가 증가하면 그로 인해 만들어지는 매듭의 수도 기하급수적으로 증가한다. 따라서 이러한 도형을 3차원으로 그리거나 재현하는 난이도 또한 증가한다. 세 개의 교차점이 있는 세잎 매듭은 실제로 꽉 조이면 하나의 매듭만 만들어낸다(거의 모든 매듭에서 적용되는 규칙으로 거울상 이미지를 포함하면 두 개이다). 다섯 번 교차하면 두 개의 다른 매듭이 만들어진다. 열 번 교차하면 165개의 매듭이 만들어진다. 열다섯 번 교차하면 25만 3293개의 매듭이 만들어진다. 그 이상은 컴퓨터의 연산 능력으로만 계산이 가능할 것이다. 매우 유용하게 사용되지만, 수학자에게는 너무 초보적이어서 그다지 흥미롭지 않은 해양 매듭이나 고산 매듭은 이것과는 거리가 멀다.

인터레이스는 수학자들이 관심을 매우 많이 가지는 매듭의 하위 범주다. 여기서 링이라는 용어는 3차원에서 사용되는데, 앞서 지적했듯이 평면에서는 인터레이스를 구현할 수 없기 때문이다. 인터레이스의 가장 유명한 예는 다섯 개의 링이 서로 겹쳐진 올림픽 엠블럼이다. 가장 간단한 것은 두 개의 맞물리는 링으로 구성된 호프의 링〔독일 수학자 하인츠 호프(Heinz Hopf, 1894~1971)의 이름을 따서 명명〕이다. 세 개의 링이 맞물린 보로메오 고리도 물론 같은 범주에 속한다. 비교적 단순한 형태지만 그 아름다움으로 인해 위상수학에서 전설적인 수학적 대상이 되었다. 심지어 보로메오 가문의 상징으로 채택되기 훨씬 이전인 스웨덴 연안의 바이킹 고고학 유적지에서도 발견되었는데, 삼각형이 맞물린 형태의 변형이 고분벽화에 새겨져 있었다.

신화와 전설에서 매듭과 인터레이스가 곳곳에서 등장하는 이유는 무엇일까? 매듭과 인터레이스가 뿜어내는 시각적 조화와 통합 및 연대의 개념이 자연스럽게 연결되기 때문일 것이다. 또 어느 정도의 교차점을 넘어서면 무한히 복잡해지기 때문에 수학자들이 이렇게 매료되는 것일지도 모른다. 사실, 이러한 매력은 수많은 과학자를 비롯하여 더욱 넓은 분야에서도 작용해왔다. 보로메오 고리는 오랫동안 타투이스트와 보석상들의 카탈로그에 등장해왔다. 어쩌면 단지 아름답기 때문일 수도 있지만, 우리는 이 도형이 일종의 풀어야 할 수수께끼를 숨기고 있거나 우리가 이해하지 못하는 다른 수수께끼의 열쇠를 가지고 있다는 느낌을 받기 때문일 수도 있다. 유명한 정신분석학자 자크 라캉(Jacques Lacan)은 이 도형이 실재계·상징계·상상계가 우화적으로 결합해 있다고 해석했다.

보로메오제도를 처음 방문했을 때 수많은 그림, 목공예, 조각품 또는 태피스트리에 있던 이 세 개의 얽힌 고리가 주는 시각적 충격은 아직도 내 기억 속에 남아 있다. 그때까지 나는 식물 세계의 보물과 재즈 음악의 매력에만 빠져 있었는데, 카르멘과 예술 전반에 대한 그녀의 소통 욕구 덕분에 새로운 미적 감수성을 갖게 되었다.

1971년 크립테이트에 관한 논문이 심사를 통과한 후, 나는 병역 의무를 이행하기 위해 입대했다. 퐁텐블로에서 군사 훈련을 받은 후 파리의 샹드마르스(Champ-de-Mars) 맞은편에 위치한 군사 학교에 배치되었다. 그곳에서 나는 나보다 나이가 훨씬 많지만 친근한 성격의 세 장교에게 화학을 가르쳤는데, 그들은 과학 지식을 완벽하게 습득하고 싶어 했다. 1972년 말 민간인으로 돌아온 나는 CNRS에 합류하여 스트라스부르 대학의 전임 연구원이 되었다. 그 후 시야를 넓히기 위해 박사후 과정을 밟았다. 좋은 평가서 덕분에 나는 옥스퍼드 대학의 말콤 그린(Malcolm Green) 팀에 합류할 수 있었다. 말콤 그린은 유기 금속 화학 분야의 선도적인 인물이었다. 그 당시 내가 거의 아무것도 몰랐던 이 연구 분야는 급성장하고 있었다. 내가 도착하고 몇 달 후에 말콤의 논문 지도교수 제프리 윌킨슨(Geoffrey

Wilkinson)이 1973년 노벨 화학상을 수상하는 등, 유기 금속 화학은 당시 가장 많이 연구되던 분야였다. 유기 금속 화학은 (유기화학에서 가장 흔한) 탄소 원자가 (무기화학에서 가장 많은) 금속과 결합하여 유기 금속 '복합체'를 생성한 다음, 화학 반응을 촉발하거나 지시할 수 있는 분자, 즉 촉매를 합성하는 것을 목표로 한다. 이 분야는 가장 많은 노벨상을 수상한 분야 중 하나로, 이론적으로도 매우 중요하지만, 산업 분야에서 다양하게 응용될 수 있어서 더욱 중요했다. 그 응용 분야는 신소재 개발부터 의약품 합성, 탄화수소와 같은 유기 제품의 오염 제거를 위한 공정 설계에 이르기까지 다양하다. 산업계의 뜨거운 관심은 유기 금속 화학 및 촉매 작용 연구에 대한 인기를 높인 요인 중 하나인 것이 분명하다.

이 분야에 대한 상대적 무지로 나는 빛을 발하지는 못했고, 단지 익숙하지 않은 개념에 대해 배우는 것이 전부였다. 그리고 나는 이곳에서 2020년 7월, 84세의 나이로 세상을 떠날 때까지 친하게 지낸 말콤 그린이라는 친구도 얻었다.

프랑스로 돌아온 후, 나는 장마리 렌의 연구실에 다시 합류했다. CNRS에서 그의 팀에 소속된 연구원으로 일할 수 있는 자리를 제안했기 때문에, 나로서는 당연한 일이었다. 당시 겨우 30세이던 나는 점점 더 내 연구 프로젝트에 전념하고 싶다는 생각이 들었다. 기회가 닿는 대로 과학적 자율성을 확보하고 싶다는 생각을 늘 해왔지만, 그것은 그렇게 간단하지 않았다. 야심 찬 젊은 과학자들이 박사후 과정에서 박사 연구실로 복귀하는 일은 늘 어렵다. 새로운 연구실로 이직하는 것도 마찬가지다. 정당하든 아니든 간에 자율성에 대한 열망은 프랑스 과학 연구의 현실과 필연적으로 충돌하게 된다. 기존 팀 내에서 독립적인 연구를 수행할 수 있는지에 대한 규정도 없다. 따라서 자율성을 추구하는 것은 연구실 책임자와 그곳에서 일하게 될 연구원 간의 개인적 관계에 달려 있다. 이러한 상황은 전형적으로 프랑스적인 것이다.

내 경우에는 장마리 렌과 약간의 의견 차이 끝에 완벽한 해결책을 찾았다. 렌은 내가 그의 연구실에 계속 소속된 채로, 내 박사 논문 주제였던 '크립테이트' 분야를 떠나 완전히 다른 분야로 들어갈 것을 제안했다. 함께 '태양 광화학' 분야를 연구해보자는 것이 그의 생각이었다. 그때가 1974년 직후였고, 세계는 최초의 대규모 석유 파동으로 흔들리고 있었다. 중동의 욤 키푸르 전쟁과 관련된 지정학적 긴장 상황에서 1973년 10월부터 1974년 3월까지 유가는 4배나 폭등했다. 이 위기는 정부와 과학자들에게 저렴하고 대량생산 가능하며 지속 가능한 대체 에너지원에 대한 관심을 다시 불러일으켰다.

화학에서 이런 마틴게일(Martingale: 갬블링 게임에서 손실 후 베팅 금액을 늘려 누적 손실을 만회하려는 베팅 방식—옮긴이)의 상징은 납을 금으로 바꾸는 물리학자들의 꿈에 비견될 수 있는 전설적인 화학 반응이다. 환상을 품은 여러 세대의 화학자들이 이 영역을 조금씩 발전시켰지만, 불가능하다고 알려진 이 반응에 도전한 화학자들은 모두 실패했다. $H_2O = H_2 + \frac{1}{2}O_2$, 이 등식 이면에는 태양 에너지와 무료이자 풍부한 원료인 물을 이용하여 재생 가능하면서도 오염되지 않는 에너지원을 언젠가 만들어낼 수 있다는 거대한 희망이 숨어 있다.

이 화학의 성배를 광화학 분해 또는 물의 광분해라고 한다. 물의 광분해는 이론적으로는 가능하지만 실제로 실행하기는 매우 어려운 과학적 도전이다. 이름에서 알 수 있듯이 이 합성법은 물 분자를 쪼개서 수소 원자를 회수(화학자들의 표현으로는 '고정')하여, 이수소 분자(H_2)를 만드는 것이다. 수소는 이상적인 에너지원이다. 첫째, 수소는 가연성이 높고 연소 과정에서 상당한 양의 에너지를 방출한다. 둘째, 수소는 탄화수소처럼 연소 시 이산화탄소를 배출하지 않고 물만 생성한다. 일상생활에서 연료나 연료 전지의 전자 공여체로 사용하면 자동차에 동력을 공급하고 전기를 생산하며 난방을 하는 등의 용도로 사용할 수 있다. 이를 통해 우리는 자원 위기, 유가 변동성, 대기 오염 문제를 동시에 해결할 수 있을 것이다.

흥미롭게도 수소 H_2를 연료로 사용하는 데 있어 가장 큰 장애물은 사실 수소의 가용성이다. 자연에 존재하는 수소 원자들은 항상 탄소, 질소, 산소 같은 다른 원소와 화학적으로 결합되어 있다. 가스와 석유 같은 모든 에너지원에는 수소 원자뿐만 아니라 탄소 원자가 포함되어 있다. 이러한 잠재적 에너지원에서 수소를 추출하는 것은 매우 어려울 뿐만 아니라, 추출 후에는 탄소를 생성하게 된다. 결과적으로 재앙과 같은 탄소 발자국을 만들게 되는 것이다. 따라서 순수한 형태의 수소를 쉽고 저렴하게 얻을 수 있는 유일한 방법은 흔하고 다루기 쉬운 분자에서 수소를 '뽑아내는' 것이다. 물은 단연 최고의 후보다.

그렇다면 이 과정이 왜 그렇게 어려운 것일까? 앞서 언급했듯이 분자는 약한 결합과 강한 결합이라는 두 가지 유형의 화학 결합으로 연결된 원자들로 구성된다. 너무 자세히 설명하지 않더라도, 이 결합의 특성은 구조를 안정적으로 유지할 수 있도록 하는 원자 간 전자 교환의 특성에 따라 달라진다. 살아 있는 유기체에서 단백질 간 상호작용은 전자에 속하는 반면, 물 분자는 후자에 속한다. 따라서 H_2O에서 수소 원자를 뽑아내는 데는 매우 많은 양의 에너지가 필요하다.

물 분자 내의 이 끈질긴 결합을 끊어 수소 H_2만 남게 하는 것은 아주 간단한 일이다. 예를 들어 원자력 발전소에서 생산되는 전기 에너지를 사용하여, 우리는 물의 '전기 분해'를 실현할 수 있다. 이 실험은 두 단자(+ 및 -)를 묽은 소금물 용액에 담그는 것으로 쉽게 수행할 수 있으며, 이렇게 하면 물이 전기를 전달할 수 있게 된다. 그러면 '음극'(음성 단자)에서 수소 기포가, '양극'(양성 단자)에서 산소 기포가 생성되는 것을 관찰할 수 있다. 물론 에너지적 측면에서 이 방법으로 얻을 수 있는 이점은 제한적이다. 하지만 사용할 수 없는 잉여 전기를 화학 에너지인 수소로 저장할 수 있다는 장점이 있다. 오늘날, 수소를 생산하기 위해 물 전기 분해 방식이 종종 사용되지만, 이 기술은 여전히 미미한 수준에 머물러 있다. 이 접근 방식은 물의 '광분해'와 거리가 멀다!

광합성에 대한 나의 오랜 관심은 여기서 새로운 의미를 갖게 되었다. 'photolyse(광분해)'에는 접두어 '광(photo)'이 있기 때문이다.

그리고 이것은 우연이 아니다.

수소가 가장 편리한 가연성 에너지원인 것처럼 보이지만, 가장 이용하기 쉽고 저렴한 에너지원은 여전히 태양광이다. 식물은 이를 잘 알고 있다. 하지만 광합성의 문제는 변환 효율이 낮다는 것이다. 태양광을 전기로 변환하는 태양 전지 패널에서든, 유기 조직을 생성하는 데 필요한 에너지를 공급하는 식물에서든, 태양광은 상대적으로 분산된다. 따라서 태양광에서 합리적인 양의 전기를 생산하려면 넓은 면적의 태양 전지 패널이 필요하다. 그러나 우리 발코니에서 자라는 제라늄 화분은 개의치 않는다. 태양 광선이 상대적으로 약한 강도로도 충분히 행복하게 꽃을 피운다. 물 분자를 자르기 위해서는 태양광을 집중시키거나 넓은 표면을 이용하여 빛 에너지를 전기 또는 화학 에너지로 변환할 필요가 있다.

잠시 광합성이라는 경이로운 과정을 살펴보자. 태양광에서 나온 광자는 엽록소 분자에 충돌하여 화학 반응을 연쇄적으로 일으킨다. 한쪽에서는 식물 조직을 생성하고, 다른 한쪽에서는 산소를 방출한다. 그러나 이러한 과정이 시작되기 위해서는 일단 전하가 분리되고 이후 서서히 멀어져야 한다는 점이 중요하다. 즉, 광자가 엽록소 분자의 반응 중심에서 전자를 분리시키면서 −전하와 +전하가 형성되고, 이러한 전하의 분리가 긴 시간 동안 유지되면서 −전하는 식물 조직 생성, +전하는 산소 방출에 사용된다. 더 좋은 점은 일부 해조류에서는 −전하가 조직 생성이 아니라, 주변 환경에 자연적으로 존재하는 물 분자를 분해하여 수소를 생산하는 데 사용된다는 것이다.

물의 광분해라는 위업을 실험실에서 재현한다면, 탄화수소의 해방을 위한 이론적 토대를 마련하여 깨끗하고 청정한 에너지 개발의 길을 열 수 있을 것이다.

이것이 내가 기어이 금고를 열어 알아내야 할 비밀이다.

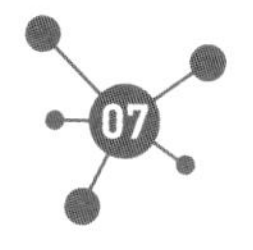

원자 간 결합

불필요한 긴장감은 모두 끝내자. 나는 태양광을 이용한 전설적인 물의 광분해에 성공하지 못했다. 장마리 렌이 시작한 이 프로젝트를 내가 진행할 때도, 그 이후에도 이 일은 성공하지 못했다.

하지만 1976년 이 주제를 처음 접했을 때만 해도 이 놀라운 도전에 성공할 수 있으리라는 기대감에 밤낮으로 몰두했다. 말 그대로였다. 나는 주말을 희생하면서까지 이 일에 몰두했다. 이 분야 전문가는 아니지만 광화학에 능통한 장마리는 이 거창한 프로젝트를 마음대로 진행할 수 있도록 나에게 모든 권한을 주었고, 수시로 진행 상황을 점검하고 조언해주는 것으로 만족했다. 이 방법으로 수소 H_2를 산업적으로 생산하려면 많은 현실적인 장애물에 직면해야 했기 때문에 주로 이론에 치우친 연구를 해야 했지만, 나는 이 엄청난 과학적 도전에 자극을 받았다.

물의 광분해의 첫 번째 도전 과제는 식물의 '안테나'(엽록소) 또는 광합성 세균(박테리오클로로필)과 유사한 광화학적 특성, 즉 '반응 중심'의 특성을 가진 합성 분자 집합을 설계하여 전하 분리를 유도하는 것이다. 이 분자 집합은 광선을 흡수하고 그 광선이 내부에서 －전하와 ＋전하를 형성하도록 유도하며, 이 두 전하가 마치 두 개의 자석에 자연스럽게 이끌리는 것처럼 서로 분리되도록 해야 한다. 그리고 음전하가 충분히 오랫동안 다시 결합되지 않고 멀리 떨어질 수 있도록 할 필요가 있다. 그래야 음전하를 이용하여 물 분자를 환원하고 수소를 생산할 수 있다. 이 과정에서 양전하를 잘 활용해야 한다. 양전하의 경우에는 자연적인 광합성과 같은 방식으로 물 분자를 산화시켜 산소를 생산해야 한다. 따라서 이 작업이 훨씬 더 어렵다.

금고를 여는 데는 성공하지 못했지만, 3년간 집착에 가까운 노력 끝에 나는 물 분자를 수소로 환원하는 광화학 환원 반응 중 하나를 성공적으로 수행할 수 있었다. 이를 위해 물과 감광성 분자로 이루어진 복잡한 혼합물을 개발했다. 이 감광성 분자에는 두 가지 귀금속인 루테늄과 로듐의 복합체가 포함되어 있다. 따라서 슬라이드 프로젝터로 빛에 비추면 이 혼합물은 화면에서 선명하게 보이는 작은 수소 H_2 기포를 방출한다. 이렇게 간략히 요약하면, 물 광분해의 수수께끼가 풀렸다는 뜻으로 받아들일 수도 있다. 하지만 이는 적어도 두 가지 이유로 사실이 아니다. 우선, 이 광분해의 에너지원이 물 분자 내부의 전자에서 나오지 않았기 때문이다. 광환원 반응에 필요한 에너지는 인공적으로 더 복잡한 분자에서 공급된다. 이러한 분자는 경우에 따라 '희생'되어야 하므로 경제적 또는 생태적 관점에서 훨씬 덜 유익하다. 그다음으로, 복잡한 감광성 혼합물의 두 가지 주요 성분인 루테늄과 로듐은 풍부하고 값싼 화학 원소가 아니라는 점이다.

이러한 의구심에도 불구하고 장마리는 이 프로젝트를 주도하면서 내가 자유롭게 진행할 수 있도록 큰 자유를 주었다. 장마리는 이 프로젝트에 매우 열정적이었으며, 나 역시 마찬가지였다. 아직 모든 사람의 일상생활에 혁명을 가져올 정도는 아니지만, 기초 화학의 관점에서 보면 의미 있는 한 걸음이었다. 이 발견을 공개하는 논문은 1977년에 발표되었고, 곧바로 주목을 받았다. 장마리와 나는 전 세계에서 강연 초대를 받았다. 이 연구를 비롯한 몇

몇 경쟁 팀의 연구들은 물의 광분해에 대한 관심을 다시 불러일으켰다. 특히 유럽을 중심으로 연구 예산이 쇄도했고, 이는 빛을 화학 에너지로 변환하는 기술을 연구하는 광화학 실험실에 많은 도움이 되었다. 현재까지 많은 출판물이 이 기초 논문을 기반으로 하거나 이 논문에서 영감을 받아 작성되고 있으며, 이는 물의 광분해 분야를 발전시키는 데 도움이 되었다.

이 프로젝트에 기여한 덕분에 나는 운 좋게도 1979년 35세의 나이에 선임 연구원으로 승진할 수 있는 행운을 누렸다(이 직함은 나중에 연구 책임자라는 더 화려한 이름으로 바뀌면서 사라졌다). 이 지위를 통해 나는 독립성을 확보하고, 내 실험실을 만들고, 박사 논문을 지도하며, 장마리로부터 제대로 독립할 수 있었다. 우리의 협업이 결실을 맺은 만큼 이제 나는 내 날개로 날고, 내 창의력을 발휘하고, 나 자신의 씨앗을 심어야 하는 단계에 이르렀다. 나는 오래전에 기회가 된다면 자율성을 가지고 내 연구팀을 꾸려서 새로운 분야에 접근하여 독창적인 프로젝트를 시작하겠다고 결심했었다. 윤리적 이유로 나는 가능성이 높은 광분해의 이론적 개발을 중단하고, 이 분야 연구에 대한 권한이 있는 렌 연구소에서 연구를 계속 진행하도록 맡기기로 했다.

이 결정은 도전을 포기하는 것이 아니었다. 나는 한 도전에서 다른 도전으로 뛰어넘는 것을 좋아한다. 나의 과학적 야망은 내 동료들에게 놀라움을 선사하고 새로운 문을 열며 다리를 놓고 연못 한가운데 조약돌을 던져 그 표면에 파문이 이는 것을 보는 것이다. 아무것도 금지하지 않고, 어떤 것도 너무 독창적이거나 이루기 어려운 것이라고 여기지 않았다. 나는 장마리의 조언을 명심하고 있었다. "정치적 술수, 네트워크 전략에 시간을 낭비하지 마. 자네의 호기심을 자극하고 자네가 이루고 싶은 프로젝트에 시간과 에너지를 쏟는다면, 자네는 대단한 과학자가 될 거야." 나는 연구직에 대한 이처럼 유쾌하고 자신만만한 접근법을 우리 팀원들에게 심어주겠다고 다짐했다.

열린 마음과 당당함을 가지라는 이 조언은 내 주변 사람들에게만 적용하고 싶은 말이 아니었다. 나 자신에게도 적용했다. 단지 주문처럼 기억하는 것이 아니라, 매주 스스로 정한 규칙을 통해 나 자신에게 적용하려고 했다. 매주 토요일 아침, 나는 독서와 사색에 네 시간을 할애했다. 오전 8시 반부터 정오까지 텅 비어 있는 대학의 화학과 도서관으로 갔다. 나는 화학이나 생물학 분야에서 가장 중요한 일반 또는 전문 과학 저널 30여 권을 가지고 빈 테이블에 앉았다. 먼저 목차를 확인하며 내 관심을 끄는 논문을 찾았다. 책장을 넘기다 보면 읽을 계획이 없던 기사를 발견하고 나도 모르게 빠져들기도 했다. 나는 항상 노트를 가지고 다니며 흥미로운 발견을 기록하는데, 대부분 현재 업무나 전공 분야와 관련이 없는 내용이었다. 매주 혼자서 하는 이 의식을 통해 나는 과학에 대한 소양을 쌓고, 때로는 새로운 아이디어를 떠올렸다. 그리고 다른 사람들이 걸어온 길을 통해 영감을 받고 경각심을 유지하며 내 관심사를 새로운 시선으로 바라볼 수 있었다.

나는 이 책을 과학 분야든 아니든, 행복한 경력의 비결을 알려주려고 쓰는 것은 아니다. 하지만 이러한 일상적 루틴에는 지식의 모든 분야에 유용한 일종의 정신 건강이 있다고 생각한다. 또는 그것이 제공하는 순수한 정신적 즐거움이 있을 것이라고 믿는다. 인터넷과 알고리즘은 우리의 취향과 습관에 맞는 콘텐츠를 놀라울 정도로 연관성 있게 제공한다. 하지만 그렇게 함으로써 우리를 거기에 가둬버린다. 나는 종종 내가 좋아하는 주제와는 전혀 상관없는 자료에 관심을 가지거나, 심지어 열정적으로 읽은 적이 한두 번이 아니다. 책장을 이리저리 넘겨보는 지적 방황만

이 이런 종류의 놀라움을 가져다줄 수 있다.

내 분야가 아니지만 꾸준하게 내 관심을 끄는 주제 중에 위상수학, 그리고 매듭 이론과 관련된 것들이 있다. 대체로 내가 읽는 논문을 깊이 이해하기는 어려웠지만 말이다! 아마 내 기억 한구석에 남아 있는 보로메오 고리에 대한 애정 때문에 이렇게 끌렸는지도 모른다. 그러다가 나는 인간이 화학적 매듭을 합성한 적이 없다는 사실을 알게 되었다. 분자 얽힘을 만드는 것은 실현 불가능까지는 아니더라도 매우 어려운 작업으로 오랫동안 여겨져왔다. 너무 복잡하기 때문이다. 1960년대 중반까지 수십 명의 화학자가 이 연구를 시도했지만 모두 실패했다. 유일하게 예외로 인정해줄 만한 사례는 1964년 고트프리트 실(Gotfried Schill)과 아르투어 뤼트링하우스(Arthur Lüttringhaus)가 발표한 매우 아름다운 연구 결과이다. 하지만 이 합성 화학자들이 사용한 전략이 너무 복잡해서 분자 간 얽힘에 관심이 있던 후보자들의 의욕을 오히려 꺾어놓았다. 그 이후 이 분야는 불모지로 남았고, 화학 분야에서 해결할 수 없는 난제라는 명성을 얻었다.

토요일 아침 독서와 성찰 시간은 수십 년 동안 계속될 것이며, 거의 예외가 없을 것이다. 그러나 2015년에 내 연구 활동이 끝나면, 이 루틴도 끝날 것이다.

다시 일터로 돌아가보자. 대학에서 나에게 다른 건물의 작은 연구 공간을 배정해줄 때까지, 장마리 교수와 그의 연구팀은 두 명의 박사 과정 학생인 파스칼 마르노(Pascal Marnot)와 로맹 뤼페르(Romain Ruppert)와 함께 나를 잠시 그들의 연구실에 머물게 해주었다. 파스칼 마르노와 로맹 뤼페르는 나와 호흡이 아주 잘 맞았으며, 우리 팀의 초기 성공에 큰 영향을 끼쳤다. 그 후 크리스티안 디트리히부헤커(Christiane Dietrich-Buchecker), 장폴 콜랭(Jean-Paul Collin), 장마르크 케른(Jean-Marc Kern), 마르크 벨레(Marc Beley) 등 나와 한두 살 차이가 나는 CNRS 연구원이나 대학 강사들이 합류했다. 나중에 훨씬 젊은 두 명의 연구원이 우리 팀의 정식 연구원이 되어 중요한 역할을 담당했는데, 현재 우리 대학 교수인 발레리 하이츠(Valérie Heitz)와 장클로드 샹브론(Jean-Claude Chambron)이 바로 그 주인공이다. 이들은 모두 훌륭한 화학자일 뿐만 아니라, 내가 장마리 연구팀에서 즐겼던 유쾌함과 동료애가 가득한 학구적인 연구 분위기를 재현하는 데 한몫했다. 우리 연구팀은 직급에 상관없이 '존댓말' 사용을 금지했다. 팀 매니저로서 나는 프로젝트를 지나치게 세분화하지 않고 제안했다. 프로젝트를 세부적으로 조정하고 성공 가능성을 최대한 높이는 것은 각 개인의 몫이었다. 내 신경에 거슬리는 상투어가 하나 있다면 바로 '머리와 팔'이라는 표현이다. 연구에서는 말이 되지 않는 표현이다. 팀장이 직접 실험을 하지 않더라도, 그의 팀원들 각각은 머리를 최대한 돌리고 있다. 선지자가 로봇처럼 움직이는 군대에 지시하는 듯한 의미의 이 표현만큼 어리석고 거짓된 것도 없다.

내가 신세를 진 조력자는 너무 많아서 다 나열하기 어렵고, 솔직히 독자들은 거의 관심도 없을 것이다. 하지만 내 직업적·개인적 역사에서 중요한 데다 여러 측면에서 매우 결정적 역할을 해주었기에 여기서 특별히 경의를 표하지 않을 수 없는 인물이 있다.

내가 연구실 책임자가 되었을 때 크리스티안 디트리히부헤커는 이미 내 친구였다. 나보다 두 살 위였지만, 우리는 준비 과정 때부터 서로를 알고 있었다. 하지만 그녀가 내 과학적 '형제'인 베르나르와 결혼한 후에야 진정으로 가까워졌다. 스트라스부르 대학에서 나보다 조금 먼저 연구원이 된 그녀는 순식간에 아무도 모르는 사람이 없을 정도로 뛰어난 합성 화학자로 명성을 쌓았다. 만약 누군가가 머리로 생각하고 있는 분자 조립체를 설명하면, 그녀는 곧장 전략을 세우고 실행에 옮길 것이다. 그녀가 대학 실험실에서 느낀 피곤함을 털어놓으며 함께 일하자고 제안했을 때, 나는 잠시도 망설이지 않았다. 재능 있고 창의적이며 함께 있으면 시간 가는 줄 모르는 크리스티안은 무엇보다도 프로젝트 성공에 많은 애정을 쏟았고, 때로는 너무 과할 정도로 노력했다. 그녀는 머리와 마음, 그 무엇 하나 빠지는 것이 없었다. 소중한 과학적 공헌 외에도 크리스티안의 존재는 다른 여학생들이 우리와 함께 일할 수 있도록 설득하고 우리 실험실을 화학 부서에서 가장 여성스러운 연구실 중 하나가 되도록 만드는 데 기여했다. 그녀의 따뜻하고 포근한 성격은 특히 젊은이들에게 모성애를 불러일으켰으며, 이는 그녀에게 완벽하게 어울렸다.

프로젝트 관리에 대한 나의 접근 방식은 가재 낚시에서 영감을 받았다. 여러 방향으로 그물을 던지고, 잠시 시간이 지난 후에 어떤 물고기가 잡히는지 확인한다. 낚시가 잘되면 계속한다. 그물이 비어 있으면, 생각해볼 시간을 가진다. 그런 다음 다시 인내하거나 전략을 바꾸거나 포기한다. 연구소의 중요한 연례행사는 신학기 세미나였다. 이 세미나는 10월 목요일 저녁에 열렸다. 예산과 조직을 검토한 후 진행중인 업무와 최근에 수행한 업무에 대해 간략하게 프레젠테이션을 했다. 그런 다음, 이듬해에 진행해야 할 업무에 대해 집중적으로 논의했다. 프레젠테이션은 두세 시간 동안 진행되었으며, 연구실 팀원들의 질문과 비판, 제안이 이어졌다. 연구실 팀원들 모두가 자신의 아이디어를 자유롭게 표현하고, 팀의 과학적 미래에 기여할 수 있는 특별한 시간이었다. 예를 들어, 나는 이산화탄소를 유용한 원료로 전환하는 프로젝트를 시작하고 있었는데, 이 프로젝트는 기후 인식과 함께 훨씬 더 발전할 연구 분야였다. 최근 루테늄 분자를 이용한 광분해에 성공한 이후로는 귀금속과 관련된 분자 복합체에 대한 연구를 계속하기로 결정했다. 특히 루테늄과 매우 유사한 화학 원소인 이리듐 복합체를 개발하여 광화학 또는 촉매 특성을 평가하는 연구를 진행할 것이다.

바로 이 시점에서 데이비드 맥밀린(David McMillin)의 이야기가 시작된다. 내가 과학 문헌을 통해 알고 있던 이 미국 과학자는 광물리학 전문가다. 가장 최근에 주목할 만한 그의 논문은 구리 기반 복합체에 대한 광선의 영향을 다루고 있다. 데이브는 그의 직장인 인디애나주의 퍼듀 대학에서 안식년을 얻어 장마리 렌의 연구실에서 1년을 보냈다. 그 무렵 렌의 연구실은 초분자 화학의 제국이 확장됨에 따라 명성이 높아지고 있었다. 내가 옥스퍼드 대학에서 박사후 과정을 밟을 때와 마찬가지로, 데이브는 시야를 넓히고 새로운 영감의 원천을 찾기 위해 이곳에 왔다.

도착한 지 얼마 지나지 않아 데이브는 장마리 연구실에서 나에게 전화를 걸었다. 그리고 물의 광분해에 대한 우리의 연구와 내가 습득한 광화학 기술에 대해 듣고 싶어 했다. 그는 나와 우리 팀과 함께 만나서 우리가 공유하는 다양한 분야에 대한 아이디어를 교환하고 싶다고 요청했다. 크리스티안은 데이브에게 그녀가 지도하던 젊은 박사 과정 학생인 파스칼 마(Pascal Ma)와 함께 새로 합성한 초승달 모양의 유기 분자에 대해 자세히 설명해주었다. 우리는 또한 데이브에게 이 화합물을 촉매로 사용하기 위한 부수적인 프로젝트에 대해서도 설명했다. 그는 시연에 열광했고, 우리는 한 가지 같은 아이디어를 떠올렸다. 초승달 모양의 이 새로운 분자를 구리와 결합하여 루테늄을 대체하는 데 사용해보는 것은 어떨까? 데이브는 이미 특정 구리 복합체의 특성에 대한 중요한 연구를 수행한 적이 있었다. 각자의 전문 분야, 즉 광물리학과 합성 각각의 작업을 나누어 진행하면 이 과제를 해결할 수 있을 것 같았다.

첫 번째 결과는 매우 고무적이었다. 우리가 합성

한 구리 복합체는 그 사촌 격인 루테늄만큼 효과적이지만 무엇보다 더 저렴한 우수한 감광제임이 밝혀졌다. 우리는 1983년 5월에 논문을 발표하고, 이 유망한 분자를 개량하기 위해 이 길을 계속 가보기로 결정했다.

합성 전략을 개발하고 공동 연구 결과를 발표하기 위한 원고를 준비할 때, 나는 평소처럼 손으로 직접 목표가 되는 분자를 그리는 데 시간을 할애했다. 나는 먹물을 사용하여 종이에 스케치를 그렸다. 분자의 일반적인 모양, 원자를 서로 연결하는 결합, 구조를 유지할 수 있게 하는 전자 교환의 세부 사항 …… 이 연습을 통해 나는 거의 물리적이고, 따라서 육체적인 방식으로 내 조립체를 깊이 이해할 수 있었다. 당시에는 이 미리 보기 방법이 가장 간단하긴 했지만 유일한 방법은 아니었다. 다른 많은 합성 연구실과 마찬가지로 우리 연구실에도 플라스틱 분자 모형이 있었는데, 이는 우리가 만들고자 하는 분자를 만들고 그 모양과 일부 특성을 잘 파악하는 데 매우 유용했다. 연구실에 컴퓨터는 한 대뿐이었는데, 조교가 행정용으로나 쓰는 원시적인 컴퓨터였다. 나중에는 컴퓨터를 사용하지 않을 수 없었지만, 나는 내 경력이 끝날 때까지 이 방법에 집착했다. 나에게 화면은 거리감이 있었고, 눈앞에 나타나는 것을 '느끼지 못하게' 하는 듯했다.

어느 날 아침, 구리 복합체 중 하나를 스케치하다가 그 모양이 익숙하게 느껴진다는 사실을 깨달았다. 구리 원자를 그리다가, 나는 두 개의 조각, 즉 질소 원자가 포함된 두 개의 화학적 '끈'이 마치 서로 '엮여' 있는 것처럼 보인다는 사실을 발견했다.

내 머릿속에 불이 켜졌다.

양쪽 끝에 여분의 끈이 달린 화학 연장 코드를 만들 수 있다면 두 개의 서로 얽힌 고리가 나타날 것이다.

진정한 호프(Hopf)의 링이다.

화학 역사상 최초로 진정으로 접근 가능한 분자 고리다.

반지의 제왕

크리스티안의 재능은 이 '유레카의 순간'을 순식간에 현실로 가져왔다. 그녀 역시 나와 똑같이 열광했다. 분자 얽힘과 매듭이라는 새로운 미지의 연구 분야를 개척할 수 있다는 기대감 외에도, 우리는 미적 감성을 공유하고 있었기 때문에 우리의 연구는 더욱 즐거웠다. 1983년 여름이 끝나갈 무렵 4~5개월간의 치열한 작업 끝에 두 개의 연결 고리가 합성되었고, 흰색 결정 형태의 첫 번째 샘플이 몇 밀리그램 만들어졌다. 크리스티안의 지도를 받는 박사 과정 학생 장 바이스(Jean Weiss)의 귀중한 도움으로 화학 합성의 효율성이 극적으로 개선되어 샘플의 양을 5그램으로 늘릴 수 있었다. X-선 회절법으로 관찰한 결과, 우리의 분자는 우리가 기대했던 완벽한 형태로 나타났다. 서로 수직으로 배치된 두 개의 링이 조화롭게 얽힌 모양이었다.

1983년 9월, 4쪽에 불과한 우리 논문은 영국 학술지 〈테트라헤드론 레터스(Tetrahedron Letters)〉에 발표되었는데, 이 학술지에는 장마리와의 공동 저술로 초분자 화학의 기초를 다진 내 논문이 이미 게재된 적이 있었다. 우리는 이번에도 프랑스어로 논문을 실었는데, 이는 렌이 보여준 작은 언어적 허세에 발맞춘 것이었다. 〈새로운 분자군: 메탈로카테네인(Une nouvelle famille de molécules: les métallo-caténanes)〉이라는 제목의 논문에는 내 서명과 함께 크리스티안의 서명, 그리고 우리가 두 개의 고리 형태로 서로 맞물린 분자를 실제로 발견했다고 확신시켜준 물리 화학자 장피에르 킨칭거(Jean-Pierre Kintzinger)의 서명이 함께 들어갔다. 분자 얽힘을 가리키는 '카테네인(caténane)'이라는 용어는 '사슬'을 의미하는 라틴어 '카테나(catena)'에서 유래했다. 우리는 이 논문이 화학계에 큰 파장을 일으킬 것이라는 사실에 대해 의심하지 않았다. 하지만 그 파급력은 우리의 모든 예상 시나리오를 뛰어넘었다. 오늘날과 같이 논문의 영향력을 측정할 수 있는 도구가 없던 상황에서 논문의 성공 여부는 논문을 발표하러 오라는 학회의 초대 횟수가 말해주었다. 그리고 우리는 발표 즉시 초대장으로 폭격을 당했다. 전 세계에서 수십 개에 달하는 제안서가 쏟아져 들어왔다. 우리의 흥분은 분명히 공유되고 있었다.

그중 한 강연은 그 후로 매우 중요한 의미를 가지게 되었다. 이 중요한 논문이 발표된 지 불과 몇 주 후에 나는 논문 발표를 해달라는 초청을 받고 영국 케임브리지로 떠났다. 그래서 나는 1970년대 후반부터 친구로 지내던 스코틀랜드 화학자 프레이저 스토더트에게 연락했다. 프레이저는 약한 상호작용과 나중에 '초분자'라고 부르게 되는 복합체 전문가로, 특히 인터레이스 합성의 초기 시도에 관심이 많았다. 1964년 독일 화학자 고트프리트 실이 우아하지만 길고 복잡한 과정으로 카테네인을 만들어내는 데 성공했지만, 그 실험 과정이 극도로 어려웠기 때문에 합성 화학자들은 재현 시도를 포기했었다. 이보다 3년 더 일찍, 위상화학 분야는 프리시(H. L. Frisch)와 와서맨(E. Wasserman)이라는 두 명의 미국 엔지니어에 의해 개척되었지만, 순전히 이론적인 방식으로만 진행되었다. 프레이저는 우리 팀이 이 분야에 돌파구를 연 것을 열렬히 환영했다. 그리고 자신이 재직하던 셰필드 대학에 나를 강연자로 초청해달라고 요청했다. 외향적이고 자신감 넘치는 성격의 프레이저는 자신의 연구를 통해 카테네인을 만드는 데 탁월한 전구체임이 입증된 복합체를 개발하기도 했었다. 이 만남은 우리의 우정을 공고히 하고, 같은 목표를 향한 두 연구소 간 건강한 경쟁의 시작이 되었다. 우리의 공동 목표는 다양한 분자 인터레이스를 합성하고, 아직 배아 단계인 이 분야에 학문적 자격을 부여하는 것이었다.

우리의 발견이 열어놓은 가능성의 범위를 더 잘 이해하기 위해, 나는 틈틈이 위상수학에 관한 서적을 읽었다. 나는 이 호기심을 밀어붙여서 위상수학에 관한 세미나에 등록하기까지 했다. 하지만 강연이 시작된 지 2분만 지나면 완전히 길을 잃고 헤매곤 했다. 나는 이 주제와 관련하여 생물학에서 배울 것이 없는지에도 관심이 많았다. 그러다 분자 수준에서 자연은 서로 얽힌 고리와 나노미터 크기의 매듭으로 가득 차 있다는 사실을 알게 되었다. 세균을 죽이는 바이러스인 HK97의 외피는 인터레이스 모양이 연속적으로 구성되어 있어서 마치 잘 엮은 쇄자갑(철사로 작은 고리를 만들어 서로 꿴 갑옷—옮긴이)처럼 보인다. 생물학자들이 11만 5000개의 단백질을 연구한 결과에 따르면, 그중 약 2퍼센트의 단백질이 세잎 매듭과 같은 위상을 가지고 있다고 한다. 예를 들면, 우리 몸에서 비타민 C의 잉여분을 분해하는 분자인 아스코르브산 산화 효소가 이에 해당한다. 생명체의 단백질 159개는 모두 호프의 링과 같은 위상을 가지고 있으며, 35개의 단백질은 솔로몬의 링, 즉 두 개의 링과 네 개의 교차점이 얽혀 있는 모양을 하고 있다. 이 링은 고대부터 로마인, 유대인 및 서부 아프리카 부족 중 일부에서 신성한 기호로 여겼다.

그러나 생물계에서 링 형태의 가장 멋진 예는 데옥시리보핵산 분자, 즉 DNA이다. DNA는 잘 알려진 이중 나선 구조를 하고 있지만, 복제와 재결합을 하는 과정에서 일시적으로 뒤얽힌 링을 생성한다. 이 링은 오래된 DNA를 새로운 DNA와 연결하는 임무를 담당한다. 원시적인 형태에서 유전 정보는 닫힌 원 모양을 하고 있었다. 우리 것보다 훨씬 짧은 이러한 원 모양의 DNA는 여전히 일부 세균에 존재하며, 우리 세포 중심에 자리 잡은 이중 나선형 버전의 전신임을 시사한다.

매듭, 견고함과 연대감의 보편적 상징이자 생명의 불꽃을 만드는 도구? 더 많은 책을 읽을수록 나는 매듭의 매력에 점점 더 강하게 빠져들었다. 나는 크리스티안과 이 열정을 공유했다. 지금까지 성역화되어 있던 자연의 메커니즘을 우리 손으로 재현하는 데 성공한 것에 대해 나만큼 그녀도 기뻐하고 감동했다.

그녀와 마찬가지로 나 역시 의욕이 10배나 강해졌다. 여기서 멈추기에는 너무 아쉬웠다. 우리는 이제 막 개척한 이 미지의 땅을 탐험할 모든 권리가 있다. 우리의 발견을 대중에게 공개한 후였지만, 우리는 한때 불모지였던 분자 인터레이스와 매듭이라는 연구 분야에서 우리가 한동안 앞서 나갈 수 있을 것이라는 사실을 알고 있었다. 1984년 우리 연구실에서 신학기 세미나를 하는 동안 나는 다음 목표, 제2단계를 제시했다. 가장 평범한 매듭인 '자명한 매듭' 다음으로 위상학자들이 단순한 매듭으로 꼽는 '세 잎 매듭'을 합성하는 것이다. 합리적인 선택이자 마음의 선택이기도 한 이 세 개의 고리는 보로메오 고리의 화학적 모조품을 언젠가는 만들어내겠다던 꿈을 떠올리게 했다.

이번에는 작업이 훨씬 더 복잡했다. 종이에 그릴 때는 그렇게 어렵지 않아 보였지만 현실은 우리의 발목을 잡았다. 앞서 언급했듯이, 우리 일의 가장 나쁜 점은 화학 반응이 예상대로 작동하지 않아서 다음 단계로 넘어가지 못하는 이유를 우리가 늘 이해할 수 있는 것이 아니라는 점이다. 실패로 이어지는 요인을 분석하고, 실수를 통해 배운 것을 고려하여 전략을 수정하고, 새로운 접근 방식을 모색하는 것 외에는 선택의 여지가 없었다. 첫 번째 카테네인을 구상하고 준비하는 것이 모든 장비를 착용하고 몽블랑을 등반하는 것과 같다면, 세잎 매듭의 합성은 적어도 초기 단계에서는 속옷과 양말만 신고 에베레스트를 등반하는 것과 같다.

3년 반 동안 지속적으로 노력했지만, 크리스티안과 함께 구상한 다양한 접근 방식은 처음 구상했던 접근 방식과 마찬가지로 더이상 성과를 내지 못하고 있었다. 우리는 몇 달의 시간이 더 필요했고, 마침내 우리가 꿈꾸던 분자를 만들어냈다. 합성 화학에서 흔히 그렇듯이, 결정학 실험실에서 우리의 분자 구조를 확인해주는 자료를 받은 후에야 성공을 축하할 수 있다. 파리의 결정학자들이 해독한 분자 구조의 이미지가 팩스로 우리에게 전달되기까지 6개월의 시간이 더 필요했다.

결과가 나왔을 때, 크리스티안은 차마 믿지 못했다. 크리스티안은 대단한 능력에 비해 약한 자신감을 숨기기 위해 헌신하고 끈기를 발휘하는 면이 있다. 분자는 우리의 예측과 일치했다. 하지만 우리가 상상한 것보다 훨씬 더 아름답고 장엄했다. 우리가 원시적인 모형으로 예측한 형태와 위상을 가진 균형 잡힌 세잎 매듭이었다. 우리가 성공적인 결과를 축하하기 위해서 냉장고에 보관하고 있던 샴페인 한 병을 이제 딸 수 있게 되었다. 하지만 공상에 빠질 시간은 없었다. 그 후 며칠 동안 연구실의 다른 프로젝트에 참여하는 동료들과 달리, 크리스티안과 나는 이 물체가 가져올 미래의 과학적 도전에 대해 상상하느라 대부분의 시간을 보냈다.

카테네인과 분자 매듭에 대한 열풍은 연구소의 명성을 더욱 드높였다. 최고의 배경을 가진 박사 과정 학생들이 우리와 함께 논문을 쓰기 위해 몰려들었다. 내가 중요하게 생각하는 친근한 분위기와 높은 수준을 유지하기 위해서, 나는 제한된 수의 지원자만 받았다. 양적인 면이 부족하더라도, 나는 질적인 면을 중요하게 생각했다. 그래서 주로 우리 대학에서 화학 석사 학위를 받은 우수한 학생들과 리옹(Lyon), 카샹(Cachan), 윌름(Ulm) 가의 고등사범학교(ENS) 출신 학생들을 뽑았다. 야망은 야망을 키운다. 나는 이러한 형태의 과학 엘리트주의를 지지한다. 비록 서류상으로 우수한 학생이 피펫(pipette: 소량의 액체 가스를 옮기는 작은 관—옮긴이)을 손에 쥔 상황에서도 가장 유능한 것은 아니라는 사실을 한 번 이상 경험했지만 말이다. 나는 45년 동안 총 41편의 논문을 지도했다. 물론 어떤 나라에서는 연구실 책임자가 300명의 박사 과정 학생을 지도하기도 한다고 한다(예를 들면 독일이 그러하다). 다른 동료들도 똑같이 말할 수 있을지는 모르겠지만, 나는 내 학생 한 명 한 명을 아주 잘 기억하고 있다.

광화학 연구를 병행하는 동안에도, 연구실에서는 이중으로 얽힌 카테네인을 포함해 점점 더 복잡하고 야심 찬 카테네인 및 매듭 합성 프로젝트를 진행했다. 합성 연구 외에도 수많은 물리화학적 연구를 통해 카테네인과 매듭이 특히 흥미로운 특성을 가지고 있다는 사실을 새롭게 발견했다. 이에 대해서는 나중에 다시 다루겠다. 나는 이 분야에서 선두를 유지하는 것은 물론, 더 나아가 혁신을 통해 놀라움을 선사할 수 있는 역량을 갖추기 위해 최선을 다하고 있다. 나는 프레이저 스토더트 연구팀이 자체 창작물을 개발하느라 바쁘다는 것을 알고 있었다. 우리가 서로 건전한 경쟁을 하고 있지만, 그들이 우리를 앞지르게 하고 싶지는 않았다. 그래서 나도 모르는 사이에 내가 공동 연구원들을 어느 정도 압박했다고 몇 년이 지난 후에 고백하는 팀원도 있을 것이다. 하지만 나의 요구가 내가 여전히 중요하게 생각하던 그 친밀한 분위기로 상쇄되었기를 희망한다. 우리 연구실에는 하루를 시작하는 변하지 않는 두 가지 의식이 있었다. 오전 10시와 오후 4시에 거의 모두가 세미나실에 모여 커피나 차를 마셨다. 이 전체 회의를 통해 모두가 프로젝트의 진행 상황을 점검하고 무엇보다도 자유롭고 친근한 방식으로 의심, 희망, 조언 또는 비판을 공유했다. 업무와 관련 없는 이야기를 나누기도 했다. 때로는 같은 이름의 광장에 있는 스트라스부르의 대형 전통 음식점 라 부르스(La Bourse)에 타르트 플랑베 등을 맛보러 가기도 하는데, 이곳은 공유와 휴식의 장이 되기에 충분한 장소이다.

1990년대 초에 나는 우리 연구가 나아가야 할 다음 단계는 구조를 더 복잡하게 만드는 것이 아니라 구조에 고유한 특성을 부여하는 것임을 깨달았다. 이러한 '특성' 측면을 다소 소홀히 다루고 있었다. 화합물의 전자적 특성과 그것이 다른 금속 중심과 결합하는 능력을 제외하고는 말이다. 우리는 서로 얽히고설켜 있는 분자 물체의 독창성과 아름다움에 어느 정도 최면에 걸려 있었다. 우리는 특히 광화학 분야에서 가장 인정받는 연구소 중 하나인 볼로냐 인근의 명망 높은 빈첸초 발자니(Vincenzo Balzani) 연구소와 협업을 시작했다. 광합성 및 물의 광분해에 공통적으로 사용되는 과정인 전자 전달 또는 전자 에너지 전달을 위한 금속 카테네인의 특성을 탐구하기 위해서였다. 그러나 여기서 전하 분리는 수소 생산보다 약간 모호한 목표를 가지고 있었는데, 그것은 카테네인 사슬이 전자 에너지를 전달하는 데 어떻게 사용될 수 있는지 이해하는 것을 목표로 하는 매우 이론적인 접근이었다.

이 작업을 하면서 자연스럽게 분자 매듭과 인터레이스에 대한 순전히 위상학적인 접근 방식에서 벗어나게 되었다. 나는 우리 창작물이 컴퓨터 과학자들에게 잘 알려진 히스테리시스(Hysteresis: 시스템이 입력 신호나 조건에 따라 현재 상태를 바로 변경하지 않고 일종의 지연 효과를 보이는 현상—옮긴이)라는 분야에서 유용하게 사용될 수 있을 거라는 예감이 들었다. 히스테리시스라는 용어의 의미를 이해하려면 온도 조절기를 생각하면 된다. 현재 있는 방의 온도를 섭씨 20도로 맞추고 싶다고 상상해보자. 실내가 난방중인지 냉방중인지에 따라, 난방기는 같은 온도에서 꺼지거나 꺼지지 않을 것이다. 그렇지 않으면 온도 조절기가 난방을 켜고 끄는 데 시간이 걸릴 것이고, '켜기'와 '끄기' 온도가 동일하기 때문에 비활성 상태를 유지할 이유가 없어질 것이다. 이와 달리, 난방을 할 때는 온도가 섭씨 21도 이상이어야 난방이 꺼지도록 시스템을 '조작'할 수 있다. 마찬가지로 난방은 꺼져 있고 방이 섭씨 21도에서 식으면, 온도 조절기는 섭씨 19도에서 난방을 켜도록 지시한다. 알람 시계는 히스테리시스를 인식하지 못한다. 당신이 일어나야 하는지 아닌지 여부와 상관없이 멍청하게 동일한 시간에 알람을 울린다.

히스테리시스는 컴퓨터 과학자들에게 자기장을 이용한 버전으로 잘 알려진 현상이다. 하드 디스크가 소중한 데이터를 메모리에 보관하는 것도 히스테리시스 덕분이다. 입력 전류로 데이터가 기록될 때 만들어지는 변위는, 동일한 데이터가 출력 전류에 의해 다시 반응하지 못하게 '금지'된다. 이러한 메커니즘에 의해 데이터는 '동결'된다. 입력에서 전류에 의해 주어진 데이터가 기록되고 출력에서 다른 전류에 반응하도록 이 동일한 데이터에 '금지'를 할당하여, 이 데이터가 '동결'될 수 있다. 직관적으로, 우리의 금속 카테네인은 양전하 또는 전자를 수용하는 능력, 그리고 무엇보다 작은 크기 때문에, 언젠가는 이 메커니즘으로 정보 저장 시스템에서 기억할 수 있는 데이터의 효율성과 용량을 개선하는 데 사용될 수 있겠다는 느낌이 들었다.

도전이 시작되었다. 이 도전은 1994년에 연구소의 가장 유명한 성과 중 하나로 이어졌다. 그것은 양전하 또는 전자를 주입하여 전위(電位, electric potential: 전기장 내에 놓인 전하의 전기 위치 에너지—옮긴이)를 가함으로써 회전 운동을 할 수 있는 카테네인을 만들어낸 것이다. 언뜻 보기에 두 개의 고리가 엇갈려 있는 모양은 최초의 카테네인과 비슷하지만 화학적 구성은 더 복잡하다. 그러나 전기 자극을 받으면 두 고리 중 하나가 다른 고리 내부에서 180도 회전한다. 화학적 관점에서 볼 때 이것은 이미 그 자체로 매우 훌륭한 성과이다. 하지만 더 좋은 점은 동일한 전위 차(potential difference: 전기적으로 양 끝에 위치한 두 점 사이의 전위 차이—옮긴이)를 가했을 때, 우리의 회전 고리가 고정된 상태를 유지한다는 것이다. 회전 고리가 원래 위치로 돌아가려면, 매우 다른 전위 자극을 받아야 한다. 마치 온도 조절기처럼, 우리의 화학적 결합은 상황에 따라 스위치처럼 켜지고 꺼진다.

이러한 발전은 우리 연구소가 개척한 분야에서 우리의 역동성을 더욱 강화시켰다. 이는 심지어 분자 기계라는 우리 연구소의 두 번째 분야를 열어주었다. 분자 기계는 신호의 작용에 따라 제어되어 움직일 수 있는 화학 구조물을 만드는 기술이다.

생명체가 그러한 것처럼 말이다.

그러나 이러한 명백한 유사성이 내 눈앞에 바로 나

타나지는 않았다. 3년이 지나서야 더 명확해졌다. 1997년 일본 생화학자 요시다 마사스케의 연구팀은 자연이 간직하고 있던 비밀 중 하나인 ATP 합성 효소를 직접 관찰할 수 있게 했다. 폴 보이어(Paul D. Boyer)와 존 워커(John E. Walker)의 훌륭한 연구(1994년 발표되어 1997년 노벨상 수상으로 이어짐) 덕분에 ATP 합성 효소가 어떻게 작동하는지는 이미 알고 있었지만, 이 분자 팽이가 작동하는 광경은 너무도 놀라워서 생물학자 커뮤니티를 훨씬 뛰어넘어 사람들을 매료시켰다. 우리의 카테네인을 연상시키는 제어된 움직임으로 스스로 회전하는 이 분자 구조를 볼 수 있는 인터넷의 짧은 영상은 나에게 잊을 수 없는 감동을 주었다.

과학적 도전은 우리를 생명의 엔진을 모방하는 위조꾼으로 만들었다.

강한 고리

기자, 학생, 호기심 많은 일반인 등 비전문가인 청중을 대면할 때 과학자들이 가장 많이 받는 질문 중 하나는 "연구 목적이 무엇입니까?"이다. 기초 연구에서 가장 자주 받는 질문 역시 이와 비슷하다. "이 연구는 어디에 쓰이게 될까요?" 이 질문은 당연하고 정당한 질문이며, 나는 항상 기쁜 마음으로 대답한다.

하지만 그 전에 나는 많은 동료와 공유하지만, 항상 감히 인정할 수 없는 고려 사항을 밝히고자 한다. 연구 프로젝트에 착수할 때 우리는 그 결과물이 어떻게 응용될지 그다지 관심이 없다. 아니, 오히려 그것은 우리의 능력 밖에 있다. 기초 연구 그 자체로 충분히 고귀하다. 기초 연구의 주요 목표는 우리 주변 세계가 어떻게 작동하는지를 밝히는 것이다. 그 유용성을 정당화하는 사례는 이미 충분하다. 시공간 곡률에 대한 발견이 우리의 습관을 바꾸거나 일상생활을 개선하지 않았다는 이유로 아인슈타인을 폄하할 수 있을까? 과학의 역사를 살펴보면 그 응용 수단을 빨리 찾으라는 명령이 의미가 없음을 알 수 있다. 가장 좋은 예는 의심할 여지 없이 반도체의 발견이다. 1830년대부터 구리염으로 연구가 시작된 반도체의 다양한 재료는 120년이 지난 후, 오늘날 컴퓨터, 스마트폰 및 대부분의 전자 기기에 사용되는 최초의 트랜지스터를 생산하게 되었다.

대부분의 경우에 위대한 과학적 발견은 다소 빠르게 구체적으로 응용된다. 화학에서는 의학 또는 제약 분야, 그리고 우리 생활 곳곳에서 사용되는 재료 분야에 대부분 집중되며, 때로는 인류에게 엄청난 진보를 가져다주기도 한다. 그러나 내 생각에 응용의 문제는 기초 과학 연구의 방향을 선택할 때 뒤로 물러나 있어야 한다. 이러한 실용주의적 탐구가 대중과 정치 및 금융 결정권자들에게 인기가 있다는 사실을 나도 잘 알고 있다. 마치 우리 선택의 타당성을 입증하는 문제인 것처럼 말이다. 이는 과학 연구의 본질을 잘못 이해한 것이다. 정확한 목표를 설정하고 나면, 우리는 연구에 필요한 열린 마음, 추상 능력, 창의성을 발휘할 수가 없다. 오늘 쓸모없고 내일도 쓸모없을 것으로 여겨지는 발견이 더 먼 미래에 인류를 구원할 수 있는 언약궤가 될 수도 있다. 기초 과학의 발전은 언제나 유용하다. 다만 어떤 경우에는 그 유용성이 무엇인지 아직 모르고 있을 뿐이다.

이런 점에서 '회전' 카테네인이 열어준 가능성의 영역은 가장 유망하다. '고정' 카테네인이 분자 위상학 분야를 연 것처럼, 회전하는 그의 사촌은 분자 기계라는 그 하위 범주에 속하는 또 다른 분야를 만들어냈다. 그리고 이번에는 더이상 우리만 이 분야를 개척하는 것이 아니다. 이 회전 카테네인을 공개하는 논문이 발표되었을 때, 똑같이 혁신적인 또 다른 출판물이 〈네이처(Nature)〉에 실렸다. 올림픽의 상징인 오륜기를 본떠 다섯 개의 링이 서로 맞물려 있는 '올림피아데인(olympiadane)'을 합성해 분자 위상학에 뛰어든 프레이저 스토더트, 앤젤 카이퍼(Angel Kaifer: 플로리다 대학)와 그들의 연구팀은 축을 따라 움직일 수 있는 링을 공개했다. 이 링은 마치 테이블 축구에서 점수를 따기 위해서 축에 매달린 인형 선수들을 움직이게 하는 것과 같은 방식으로 움직였다. 나노미터 크기의 셔틀이라고 할 수 있는 이 링은 자극을 받으면 축의 왼쪽 끝에 위치한

'스테이션'(스토더트가 사용한 용어)에서 오른쪽에 위치한 다른 스테이션으로 이동한다. 아이들이 타는 놀이용 기차처럼 기관차(링)는 한 지점에서 다른 지점으로 이동했다가 다시 돌아올 수 있다.

2000년대 들어서 분자 기계 분야는 폭발적으로 성장했다. 따라서 분자 구조와 자극에 의한 운동의 속성은 점점 더 복잡하고 정교해졌다. 스토더트는 빈첸초 발차니와 그의 공동 연구자들(볼로냐 대학)과 함께 최근 발표된 로탁세인(rotaxane: 아령 모양의 분자와 거대 고리가 기계적으로 맞물린 분자 구조—옮긴이)의 가능성을 더욱 탐구하여, 화학 자극을 받으면 0.7나노미터씩 위아래로 움직일 수 있는 3개의 실린더로 구성된 분자 엘리베이터 합성에 성공했다. 이후 스토더트는 두 개 이상의 슬라이딩 링이 장착된 새로운 로탁세인을 설계하여, 이동하면서 에너지를 저장하고 방출하는 물체, 즉 '분자 펌프'를 만들었다. 그 개발자들이 명명한 이 발명품의 이름은 정말 적절하다.

1999년에 세 번째 주자가 등장하면서 새로운 차원의 혁신이 이루어졌다. 네덜란드 화학자로 석유 회사 셸(Shell)의 엔지니어로도 일한 베르나르트 페링하(Bernard Feringa)는 그의 팀과 함께 빛으로 추진되는 단방향 회전 엔진을 합성하는 데 성공했다. 이 구조는 고정된 바닥에 360도 회전 가능한 꼭대기로 이루어진 일종의 레이더 안테나와 유사한 모양을 하고 있었다. 여기서 한 단계 더 나아가 몇 년 후, 이 연구팀은 '차체'와 네 개의 '바퀴'로 구성된 분자 자동차를 고안했는데, 각 바퀴에는 평면 위에서 분자 자동차 전체를 추진할 수 있는 모터가 장착되어 있다. 최근에는 2017년에 휴스턴 대학 연구팀이 광선 조사로 활성화되는 분자 드릴을 개발하여, 세포막을 관통할 수 있는 능력을 갖췄다. 이 놀라운 발전은 분자 기계의 현실을 공상과학 소설의 환상에 가깝게 만들었고, 이제는 '나노로봇'이라는 이름으로 분류되고 있다.

나와 내 동료들도 결코 이에 뒤처지지 않았다. 우리는 나란히 연결된 두 개의 분자 필라멘트로 구성되어, 근육의 특성을 가진 분자를 합성하는 데 성공했다. 이 화합물은 수축하거나 이완할 수 있다. 그런 다음 우리는 이로탁세인 이합체에 동일한 기계적 원리를 재현했다. 즉, 트럼본 연주자가 원하는 음을 얻기 위해 슬라이드를 조작하는 것처럼 구부러진 막대에 두 개의 독립적인 링을 장착하여 서로 가까워지거나 멀어질 수 있도록 만든 것이다. 이 분야에서 우리의 최신 발명품 중 하나는 분자 압축기다. 테니스공을 분쇄하는 축에 두 개의 판이 장착되어 있다고 상상해보라. 이번에는 자연이 직접적인 영감의 원천이 되었다. 샤프론 단백질이 세포의 중심부에서 지친 단백질이나 효소를 복구하고 다시 작동하도록 하는 방법은 이런 단백질이나 효소를 가둔 다음 기계적 힘(압축 또는 늘림)을 가하는 것이다.

이러한 각각의 복잡한 화학 구조를 만들기까지 수년간의 노력, 실패로 돌아간 시도, 그리고 검토가 필요했다. 우리는 늘 의욕에 차 있었다. 노력 끝에 새롭고 흥미로운 특성을 가진 분자 물체가 나타나기를 바라면서, 우리는 매우 야심 찬 도전에 나서곤 했다.

나는 근본적인 질문을 잊지 않았다. 이 모든 것이 어떻게 사용될 것인가? 이 단계에서는 아직 확실하지 않다. 현재 형태에서 이러한 분자 기계는 화면 보호 필름으로 개발되는 로탁세인을 포함한 특정 중합체를 제외하고는, 아직 직접적인 용도를 찾지 못했다. 이 필름은 줄을 미끄러지듯 매우 빠르게 통과하는 링이 포함된 재료의 특성 때문에 매우 부드럽고 유연하다. 이러한 독창적인 속성 때문에 이 필름은 긁혔을 때 아주 빠르게 스스로 복원된다. 이러한 필름은 스마트폰 화면을 보호하는 등의 용도로 사용된다. 그뿐만 아니라, 1990년대 중반부터 연구되어온 분자 기계는 더욱 정교한 나노 로봇을 설계하기 위한 이론적 토대를 마련하고 있다. 이를 통해 우리는 머리카락 굵기보다 10만 배 작은 규모에서도 움직임을 제어하는 능력을 제공한다. 1902년 라이트 형제가 원시적인 비행기를 개발했을 때만 해도 70년 후 보잉 747의 출현을 예견할 수 없었다. 우리도 그들과 똑같은 상황이다.

그렇다면 우리는 무엇을 상상할 수 있을까? 이 질문에 대한 대답 중 하나는 전후 공상과학 소설에서 반복되는 모티프에서 찾을 수 있다. 즉, 우리 몸에 침투하여 몸속을 탐색할 수 있는 잠수함을 설계하는 것이다. 다만 이 잠수함은 축소 레이저의 마법으로 소형화된 인간이 조종하는 것이 아니라, 스스로 방향을 잡아 목적지를 향해 이동한다는 점이 다르다. 이런 전망은 종종 장애물에 부딪히곤 하는 의학에 혁명을 일으킬 것이다. 약물 분자는 스스로 문제의 근원을 찾고, 문제 그 자체만을 공격하는 데 어려움이 있다. 가장 대표적인 사례는 항암제다. 맹목적으로 작용하는 시스플라틴과 그 변종들은 병든 세포와 건강한 세포를 막론하고 수많은 세포를 무력화시켜 끔찍한 부작용을 일으킨다. 나노 로봇의 꿈은 진정한 나노 외과 의사처럼 스스로 방향을 정하여 특정한 세포만을 인식하고 작용하는 분자를 설계하는 것이다. 그 잠재력은 의학적 범위를 뛰어넘어 일상적인 삶의 질을 개선할 수도 있다. 안경 렌즈, 자동차 앞유리, 집 안 구석구석의 먼지를 스스로 '문질러' 청소할 수 있는 자율적인 가사용 분자를 개발한다면 어떨까?

결국, 자연을 지배하는 대부분의 화학 반응은 나노 로봇으로 제어하거나 모방할 수 있다. 면역 반격, 항체 생산, 맞춤형 호르몬, 손상된 세포나 장기의 복구, 유전자의 이상 교정 …… 여기에 합성 분자 근육을 이용한 인공 조직 생산 덕분에 자연보다 더 실제 같은 인공 보철물까지 추가해보자. 이 모든 것은 공상과학 소설의 영역에만 속하는 것이 아니다.

페링하의 분자 자동차나 우리의 분자 압축기는 생명체를 구성하는 단백질의 인공적인 사촌에 지나지 않는다. 다만 아직 매우 원초적인 형태다. 분자 튜브 위를 질주하는 키네신과 같은 효소를 실험실에서 설계하는 것은 여전히 우리 능력 밖이며, 앞으로 오랫동안 그럴 것이다. 이 분야에서 가장 창의적이고 독창적인 화학자 중 한 명인 영국인 데이비드 리(David Leigh)가 이 위조 작업에 도전했다. 복잡한 합성 과정을 통해 그는 '합성 키네신'을 만드는 데 성공했지만, 그가 만든 합성 키네신은 단 세 걸음 걸을 수 있었다. 언젠가는 ATP 합성 효소라는 분자 걸작품과 경쟁할 수 있을 것이라는 가설에 대해서 굳이 언급할 필요도 없다. 그 회전 운동의 화학적 비밀이 풀리기 시작하면, 그 영역에서 경쟁도 되지 않을 것이다. 하지만 우리가 의도하는 것은 그런 것이 아니다.

2016년 10월 5일, 프레이저 스토더트, 베르나르트 페링하, 그리고 나는 노벨 화학상이라는 보상을 받았다. 수상자 발표는 전통적으로 오전 11시 45분경 이루어지기 때문에, 나는 그날 아침 책상에 앉아 이메일을 확인하고 곁눈질로 시계를 쳐다보고 있었다. 반박할 수 없는 소수의 천재와 자신이 천재라고 생각하는 수많은 교만한 사람들을 제외하고는, 감히 이 최고의 상을 받을 꿈을 꾸는 과학자는 없을 것이다.

그래서 여느 해와 마찬가지로 친숙한 이름, 지인, 심지어는 함께 축하하고 기뻐할 친구들이 있을지도 모른다는 생각에 호기심이 발동했다.

오전 11시 30분, 내 사무실의 전화벨이 울렸다. 발신자는 자신을 소개했지만, 그의 이름은 나에게 익숙하지 않았다. 그는 다소 강한 북유럽 억양의 영어로 말했다.

"교수님, 저희는 교수님이 스토더트 교수님, 페링하 교수님과 함께 노벨 화학상을 수상하게 되어 매우 기쁘게 생각합니다."

"물론 그렇겠죠. 물론입니다."

농담이 분명했다. 전혀 웃기지 않았다.

이 믿을 수 없다는 반응에 대비한 듯 전화를 건 사람은 전화를 끊지 말아달라고 부탁한 후에 수화기를 화학위원회 위원 중 한 명에게 넘겨주었다. 이번에는 내가 잘 아는 스웨덴 화학자 얀엘링 베크발(Jan-Erling Bäckvall)의 목소리였다. 우리는 서로 잘 알고 있었다. "정말 축하해요, 장피에르." 나는 깜짝 놀랐다. 이 사기극은 정말 잘 짜여 있었다. 심지어 얀의 목소리를 가진 사람까지 찾아내다니 정말 영리하다. 이어 내가 더 어렴풋이 알고 있던 두 번째 위원이 도와주러 나섰다. 이어 내 확신이 흔들렸다. 사실이라면 어떡하지? 그럴 리가 없다. 우리의 화학이 인정받고 높이 평가되고 문을 열었다는 것을 알았지만, 그래도 내 눈에 노벨은 여전히 10단계 위에 있었다.

하지만 그게 사실이라면?

그건 사실이었다.

수상자로서 내가 가장 먼저 한 일은 아내의 휴대

폰으로 전화를 거는 것이었다. 평범한 일상을 방해할 만한 이벤트가 없었기 때문에, 우리는 장마리 렌의 '영원한' 비서인 자클린이라는 친구를 집으로 초대해 점심을 먹기로 했었다. 카르멘은 식사를 준비하기 위해 차를 타고 쇼핑을 나섰다고 했다. 그녀가 전화를 받자 나는 우선 차를 세우라고 요청했다.

"됐어? 당신 잘 앉아 있지? 노벨 위원회에서 전화가 왔어. 내가 수상자 중 한 명이야. 내가 노벨상을 받아."

긴 침묵이 흐른 뒤 카르멘이 말했다.

"아, 젠장. 점심 약속은 취소해야겠지?"

그녀의 환희는 나중에야 찾아왔다.

카르멘은 즉시 샌프란시스코에 살고 있던 아들 쥘리앵에게 연락을 시도했다. 9시간의 시차 때문에 몇 번이나 시도한 끝에 겨우 아들과 통화할 수 있었다. 그의 엄마와 마찬가지로, 아들의 놀라움과 충격은 이루 말할 수 없었다.

그런 다음에? 나는 깊은 충격에 빠져 한동안 책상에 앉아 있었다. 공식 발표가 나가기 전까지 시간이 얼마 남지 않았다는 것을 알았고, 뒤이어 파도처럼 쏟아질 요청도 예상할 수 있었다. 나는 3분 동안 혼자만의 시간을 가졌다. 이 소식을 소화하는 것이 아니라, 단지 마음을 가라앉히고 현실로 받아들이는 것이 중요했다. 다른 차원으로 넘어가는 데 필요한 3분, 인정받는 과학자에서 노벨상 수상 과학자가 되기 위한 3분이었다.

나에게는 훨씬 더 많은 것이 필요했다.

나에게 두 번째 든 생각은 바로 옆 건물에 있는 장마리 렌의 사무실로 가는 것이었다. 6년 전, CNRS는 나를 매우 불쾌하게 만드는 상황에서 연구 책임자로서 내 직위를 해임했지만, 나는 그 일에 연연하고 싶지 않았다. 2010년에 CNRS와의 문제 이후 장마리는 2002년에 설립한 초분자과학공학연구소(ISIS: Institut de Science et d'Ingénierie Supramoléculaires)에 합류할 것을 요청했다. 동시에 대학에서는 나를 명예교수로 지명해주었고, 그러한 인정을 지금도 매우 자랑스럽게 생각한다. 렌 덕분에 나는 한두 명의 훌륭한 박사후 연구원으로 구성된 소규모 팀과 함께 새로운 프로젝트를 시작할 수 있었다. 과학적 '아버지'와 '아들'은 내 논문이 나온 지 45년이 지난 후, 그리고 내가 내 연구실을 설립한 지 35년이 지난 후, 다시 한번 같은 지붕 아래에서 재회했다.

나는 장마리가 사무실에 있다는 것을 알았다. 굳

이 노크할 생각도 하지 않았다. "나에게 이상한 일이 일어나고 있네. 노벨상을 받은 것 같아." 그는 잠시도 의심하지 않았다. 그는 벽이 흔들릴 정도로 강하게 기쁨을 표출했다. 그는 즉시 전화기를 들고 ISIS의 친구들에게 소식을 전했다. 그리고 사무실 구석에 놓여 있던 샴페인 한 병을 찾아냈다. 미지근했지만 잊을 수 없는 맛이었다. 우리가 건배할 즈음 공식 발표가 났다. 우리는 컴퓨터로 그 발표를 보며 매우 행복해했다. 우리 건물 앞에 도착한 카르멘을 만나기 위해 걸어 내려가는데 머리 위에서 함성이 들렸다. 실험실의 모든 젊은 연구원과 박사 과정 학생들이 피펫을 버리고 건물 복도에 모여 나를 응원하고 있었다. 그 놀라움은 엄청난 감동의 물결로 바뀌었다.

나에게 세 번째로 든 생각은 우수에 젖게 했는데, 크리스티안 디트리히부헤커에 대한 것이었다. 그녀의 역할은 여러모로 결정적이었다. 지도한 젊은이들에 대해 그녀가 베푼 자비심은 그녀의 과학적 공헌 이상으로 우리 작업의 질과 프로젝트의 성공에 큰 영향을 미쳤다는 사실을 부인할 수 없다. 나의 노벨상은 대부분 그녀의 공로라고 해도 과언이 아니다. 특히 수년, 심지어 수십 년 동안 함께 일한 장폴 콜랭, 장마르크 케른, 발레리 하이츠, 장클로드 샹브론 등 몇몇 전직 공동 연구자들도 마찬가지다. 또한 유쾌하고 창의적인 논문 학생들, 우리 성공에 가장 큰 기여를 한 박사후 연구원들, 그리고 수많은 과학자 친구들이 떠올랐다. 정말 많은 추억이 순식간에 머릿속을 스쳐 지나갔다! 노벨상 수상자라는 새로운 지위에 익숙해지려면 시간이 좀 걸릴 줄 알았는데, 현실은 금방 나를 따라잡았다. 수십 분 만에 나는 스포트라이트를 받고 있는 나 자신을 발견했다. 수십 명의 기자가 우리 연구소의 홀을 장악하고 있었다. 이상하게도 나는 그들의 질문에 대답하는 것이 편안하게 느껴졌다. 모든 종류의 청중을 대상으로 강연하는 데 익숙해져 있었기 때문임이 분명했다.

2000년으로 접어들면서 크리스티안은 일상적인 활동을 하는 데 어려움을 겪기 시작했다. 근육이 지속적으로 약해지고 하고 싶은 말을 정확하게 표현하는 데 어려움을 겪었다. 진단을 받기까지 오랜 시간이 걸렸다. 근위축성 측삭경화증(ALS)은 가장 끔찍한 유전성 질환 중 하나인 샤르코 병으로도 알려져 있다. 이 질환은 신경계를 저하시키고 서서히 마비를 일으켜 호흡기 근육을 치명적으로 마비시키면서 절정에 이른다. 이 진단으로 큰 충격을 받았지만, 그녀는 아무 일도 없었다는 듯이 계속 연구실에 출근했다. 그녀는 가능한 한 자신의 실험을 직접 수행해야 한다고 주장했다. 젊은 연구원들부터 팀원 전체가 그녀의 용기에 압도되었고 그녀의 자기희생에 감탄했다. 2004년에, 나의 과학과 마음의 형제이자 크리스티안의 남편인 베르나르 디트리히가 신장암으로 사망하면서, 그녀의 부담은 더욱 가중되었다. 2005년부터 점점 쇠약해졌던 그녀는 합성 조작을 위임할 수밖에 없었지만, 더이상 걸을 수 없을 때까지 계속 출근했다.

크리스티안은 2016년 12월 8일 노벨상 리셉션 강연에서 내가 그녀에게 바친 추도사를 듣지 못했다. 또 내가 스톡홀름 대학 원형극장에서 VIP 그룹을 대상으로 강연할 때 보여준, 짧은 백발에 흰 블라우스를 입고 미소 짓는 그녀의 슬라이드 영상(연구실에서 찍은 사진)도 보지 못했다. 나에게 이 큰 영예를 주기로 선택한 사람들은 그녀에게 돌아가야 할 몫을 알아야 한다.

크리스티안 디트리히부헤커는 18개월의 시한부 선고를 받은 지 8년 만인 2008년에 사망했다.

당시 그녀의 나이는 66세였다.

사망 직후인 2009년 5월, 스트라스부르 대학은 그녀를 추모하는 심포지엄을 개최했다. 노벨상 후보 명단에 자주 언급되는, 세계에서 가장 유명한 화학자 중 한 명인 일본의 후지타 마코토가 이 행사를 위해 도쿄에서 방문했다. 그는 공동 관심사에 대한 여러 프로젝트를 우리와 함께 진행했으며, 위대한 화학자였던 그녀에 대한 무한한 존경과 애정을 간직하고 있었다.

눈시울이 붉어진 사람들로 가득한 ISIS 회의실에서 후지타는 크리스티안에게 감동적인 헌사를 보냈다. 마지막으로 그는 우리의 명성을 만들어준 나노 단위의 연결 고리, 죽음을 넘어 우리를 하나로 묶어준 불멸의 연결 고리인 카테네인의 이미지를 화면에 띄웠다.

우정의 상징처럼 두 개의 고리가 서로 얽혀 있었다.

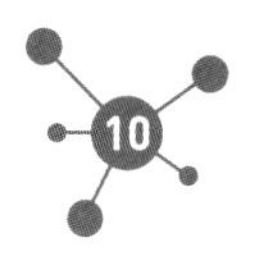

우아한 자연

생명의 출현은 지구를 예외적인 곳으로 만든 보기 드문 우연의 결과일까? 아니면 이와 반대로 생명의 형성 조건과 재료가 모여 있는 곳 어디에서나 생명은 존재할 수 있고, 따라서 우주 어딘가에서 생명이 발달하고 있을 것이라고 짐작해도 괜찮은 보편적 현상일까? 이 질문은 내 전문 분야를 벗어나므로, 외계생물학자나 천체물리학자에게 묻는 편이 더 나을 것이다.

하지만 화학자로서 내 의견을 제시해보자면, 나는 어느 쪽으로도 뚜렷한 결론을 내릴 수 없을 것 같다.

내 주관적인 직관은 생명은 어떤 형태로든 다른 곳에 존재한다는 것이다. 첫 번째 이유는 통계학적인 이유이다. 관측 가능한 우주에는 약 10^{23}개의 별이 있는데, 이는 대략 지구의 모래알 수와 비슷하다. 따라서 우리가 예외적인 사례일 가능성은 매우 적다. (2019년 노벨 물리학상 수상자) 미셸 마요르(Michel Mayor)와 디디에 클로(Didier Queloz)가 처음으로 외계 행성에 대해 설득력 있게 서술한 이후로, 발견된 외계 행성의 수는 말 그대로 폭발적으로 증가했다. 현재 외계 행성의 수는 수천 개에 달하며, 앞으로 몇 년 안에 그 수가 극적으로 증가할 것이라고 확신한다. 두 번째 이유는 스탠리 밀러의 실험을 들 수 있다. 이 미국 화학자는 실험실에서 지구의 원시 대기 조건을 재현함으로써 생명에 필수적인 원시 '수프' 분자를 찾아냈다. 그러나 이러한 분자가 스스로 움직이고 번식하려면 재료만으로 충분하지 않으며 레시피도 알아야 한다. 다시 말해서, 올바른 합성 전략이 필요한 것이다.

화학자로서의 내 경험은 인류를 동요시키는 이 위대한 질문에 통찰력을 제공할 수 있다. 나의 과학 '할아버지'인 우드워드가 비타민 B_{12}를 합성하는 데 얼마나 오래 걸렸는지 생각해보자. 펜으로 구조를 그려서 카테네인의 화학 구조를 '볼' 수 있었던 것이 얼마나 다행스러운 상황들의 일치인지 주목해보자. 이 인터레이스를 만들고, 그것을 움직이게 하기까지 얼마나 많은 노력이 필요했는지 생각해보자. 수천 년 동안 수백만 배 더 완성된 형태로 생명이 해왔던 일을 초보적인 형태로 재현하는 데 필요한 복잡한 지식, 고도의 과학적 사고력을 생각해보자.

그렇다면 지구는 어떻게 생명을 합성할 수 있었을까? 우리의 지적 능력을 뛰어넘는 그 복잡한 화학 레시피는 무엇일까?

지구는 죽음을 피할 수 없는 불쌍한 인간과 달리 화학을 형성할 충분한 공간과 시간이 있었다. 평야, 산, 바다, 고기압 또는 저기압, 고온 또는 저온, 다소 희귀한 기체 등 무한한 다양성으로 가득한 거대한 실험실에서 자연은 수억 년 동안 상상할 수 있는 모든 방향과 모든 조건에서 자신을 구성하는 화학 원소들을 결합하고 재조합하면서 수천억 가지의 합성 전략을 탐구할 수 있는 충분한 기회를 누렸다. 지구가 형성된 지 약 8억 년이 지난 어느 날, 이러한 전략 중 하나가 생명의 합성으로 이어진 것이다.

내 생각에 이 경이로운 연금술의 성공은 뛰어난 두뇌가 올바른 화학 레시피를 찾아내서 조율한 고차원적인 실험의 결과가 아니다. 자연이 시험해본 거의 무한한 수의 화학 반응과 마음대로 사용할 수 있는 거대한 규모의 실험실 덕분에 우리가 아직 밝히지 못한 어떤 특정 상황에서 지금까지 완전히 불활성인 분자 집합체를 움직이게 하고 복제할 수 있게 되었을 것이다. 나와 같은 무신론자에게 이 과정에 어떤 신이 개입했다는 가설은, 그것을 확실하고 완전하게 배제할 수 없다고 하더라도, 이러한 결과를 얻는 데 필요하지 않다. 과학과 시간만으로 충분하다.

예상치 못하게 합성 분자 기계에 대한 연구가 생명의 출현에 대한 창조론의 일부 지지자들에게 힘을 실어 주는 것처럼 보였기 때문에, 나는 이 설명을 꼭 할 필요가 있다. 노벨상을 받은 직후, 미국의 한 사립대학을 대신하여 나를 인터뷰하고 싶어 한다는 한 남자의 이메일 연락을 받았다. 늘 그랬던 것처럼, 나는 인터뷰 원칙에 동의한 후 담당자의 이름을 구글에 검색해보았다. ATP 합성 효소나 키네신 같은 자연의 분자 기계가 생명을 우연의 결과라고 하기엔 너무 정교한 조립품임을 입증하는 증거라고 선전하는 한 창조론자 웹사이트를 발견하고, 나는 불쾌하기도 하고 놀라기도 했다. 나는 이러한 생물학적 메커니즘을 모방하면서 겪는 어려움이 그들의 주장을 뒷받침하는 데 이용되고 있다는 생각이 들었다. 아마도 창조론자들의 일반적인 생각은 인간의 지능이 이렇게 수준 높은 공학적 역량을 따라잡을 수 없다면, 그것은 틀림없이 더 높은 지능이 작용하고 있다는 증거라는 것이다. 분명히 이번에 제안한 인터뷰도 부분적으로 편집해 나를 함정에 빠뜨릴 가능성이 높았다. 나는 결국 일정이 너무 바쁘다며 거절했다.

나는 신을 믿지 않지만, 어떤 신앙이든 신자들을 존중한다. 이러한 세부적인 차이는 중요하기 때문에 강조하고 싶다. 나는 종교에 대해 적대감이 없으며, 심지어는 신의 존재가 과학과 완전히 어긋나는 것이라고 생각하지 않는다. 나는 나 자신을 합리적인 무신론자라고 생각한다. 최근에 스티븐 호킹의 걸작 《시간의 역사(A Brief History of Time)》를 다시 읽었다. 그는 우주의 위대한 설계자라는 용어를 사용하면서 신의 존재를 배제하지 않았다. 나는 반박하기 힘든 한 가지 부분에 대해서는 그에게 동의한다. 즉, 만약 신이 존재한다면, 그는 오직 인간의 신이 아니어야 한다는 것이다. 많은 생물학자가 진화의 타당성을 입증해 왔기 때문에, 이것은 논쟁의 여지가 없다고 생각한다. 그렇다면, 다윈을 인정한다면, 인류만을 위한 신을 어떻게 믿을 수 있을까? 아마도 뛰어난 능력을 가진 영장류가 신의 피조물이 되기 위해서 하룻밤 사이에 동물의 세계를 벗어나 영혼을 갖게 된 것으로 가정해야 할 것이다. 나는 이러한 시나리오가 매우 터무니없다고 생각한다.

내가 이 주장을 진화론자이자 신앙이 있는 친구에게 했을 때, 그는 매우 당황스러워했다. 과학적인 이유로 우리는 우주 전체를 다루는 신만을 받아들일 수 있을 듯하다. 영혼에 관해서라면, 그것이 우리 뇌에서 일어나는 물리화학적 반응, 따라서 완벽하게 이성적인 반응을 꿈으로 표현한 것이라는 생각은 두렵다. 우리는 과학적 진보 덕분에 뇌 활동을 측정할 수는 있지만, 우리의 생각을 통제하는 화학을 이해하는 것은 여전히 거의 불가능하다.

창조론자는 신의 천재성을 증명하는 증거로 ATP 합성 효소를 인용했지만, 생명체 내에서 훨씬 더 훌륭하고 훨씬 더 근본적인 역할을 하는 다른 기계를 선택하는 것이 나을 것이다. ATP 합성 효소 분자가 생명의 연료를 생산하는 정유소라면, 리보솜은 그 메인보드이다. 리보솜은 세포 내에서 작용하는 다른 모든 단백질을 형성한다. DNA가 생명체의 유전 암호를 담고 있다면, 리보솜은 이 암호를 해독하는 역할을 한다. DNA의 각 분자에는 신진대사 기능을 관장하는 ATCG 알파벳의 20억 개의 '문자'(염기쌍)가 포함되어 있다. 리보솜은 아데닌(A), 티민(T), 사이토신(C), 구아닌(G) 분자로 구성되는 유전적 텍스트를 움직이는 단백질로 번역하는 역할을 담당한다. 이용 가능한 DNA 사본이 들어 있는 메신저RNA(mRNA)는 먼저 세포핵에서 리보솜으로 운반된다. 거기에서 세 문자의 순서대로 유전적 텍스트가 읽히며, 각각 20개의 아미노산 중 하나를 생산하도록 배열된다. 이러한 아미노산을 지속적으로 생산한 끝에 단백질이 형성된다. 알파벳 스물여섯 글자를 받아쓰게 하면, 이것을 귀스타브 플로베르(Gustave Flaubert)의 소설로 변환시킬 수 있는 컴퓨터를 상상해보라. 그것으로 리보솜의 놀라운 힘을 짐작할 수 있을 것이다.

리보솜은 의심할 여지 없이 생명계에서 가장 복잡한 분자이다. ATP 합성 효소를 증기 기관에 비유한다면, 리보솜은 최첨단 원자력 발전소라고 할 수 있다. 수십만 개의 움직이는 원자들로 이루어진 이 집합체에서 협조하며 조율하여 일어나는 수천 가지 화학 반응을 단계별로 분해하는 것은 그 누구도 따라잡을 수 없는 위업이다.

30년에 걸친 연구와 극저온 결정학(cryogenic crystallography: 단백질과 같은 생물 분자의 결정학적 연구를 위해 액체 직전의 매우 낮은 온도에서 결정을 형성하고 이를 X선 회절 분석하는 기술—옮긴이)이라는 새로운 기술의 발명으로 리보솜의 구조가 상세하게 밝혀졌다. 리보솜을 구성하는 분자 얽힘은 철 수세미 또는 중간에 마이크로비드(microbead: 크기가 1밀리미터보다 작은 플라스틱—옮긴이) 알맹이가 있는 국수 뭉치를 연상시킨다. 3D로 모델링된 전체적인 정교함은 놀랍다. 2000년에 공개된 이 놀라운 발견은 오랫동안 불가능하다고 여겨졌지만, 인도의 벤카트라만 라마크리슈난(Venkatraman Ramakrishnan), 미국의 토머스 스타이츠(Thomas Steitz), 이스라엘의 아다 요나트(Ada Yonath) 등 세 명의 발명가가 2009년 노벨 화학상을 받으면서 자연스럽게 알려지게 되었다.

나는 2019년 프린스턴에서 열린 심포지엄에서 아다 요나트를 만날 기회가 있었다. 우리 둘 다 그 자리에 초대를 받았다. 그녀의 매혹적인 강연이 끝난 후, 나는 그녀에게 찬사를 보내며 이 화학 교향곡이 너무 복잡해서 이해하기 힘들다고 고백했다. "저도 이해가 안 돼요." 그녀는 미소를 지으며 인정했다.

리보솜의 아름다움은 복잡한 구조보다는 그 기능의 고귀함에 있다. 게다가 아름다움은 분자든 다른 것이든 간에 취향의 문제다.

예술을 사랑하는 아내와 수년을 함께하면서 내 안목도 넓어지고 세련되어졌다. 시카고 교외의 노스웨스턴 대학이 있는 에반스턴에서 강의할 때는 매주 일요일에 인상파 화가들의 멋진 작품을 소장하고 있는 아트 인스티튜트(Art Institute)에 갔는데, 대부분 카르멘과 함께 갔다. 파리에서는 군 복무 기간 동안 적어도 한 달에 한 번은 루브르 박물관에 갔다. 나는 네덜란드 화파, 특히 렘브란트, 루벤스를 선호한다. 또한 13세기부터 16세기 초까지 전성기를 누렸던 시에나 화파도 좋아한다. 시간이 흘러도 변치 않는 풍경이 특징이며, 성모 마리아나 다른 신약성서 인물들이 웅장한 황금빛 프레임으로 장식되어 있다. 나는 종교가 없지만, 이 명화에서 느껴지는 신비주의에 감동하곤 한다. 종교에서 영감을 받은 클래식 음악을 들을 때도 같은 느낌을 받는다. 예를 들면 1888년 마들렌 교회에서 처음 연주된 가브리엘 포레의 레퀴엠이 있다. 이 곡에서는 작곡가의 깊고 진실한 신앙심이 생생하게 전해졌다. 나는 눈물을 흘릴 정도로 강렬하게 그 힘을 느낀다.

분자 수준의 자연에 미학적 걸작이 없지는 않지만, 여기에서도 모든 사람이 각자의 기준에 따라 다른 선택을 할 것이다. 내 경우에는 분자의 아름다움이 주로 대칭성에 있다고 생각한다. 백금 원자와 같은 전이 금속을 포함하는 분자들은 종종 놀랍도록 대칭적인 집합체로 이어진다. 광합성 세균인 로도슈도모나스 애시도필라(*Rhodopseudomonas acidophila*)에서 빛을 모으는 안테나 역할을 하는 단백질 중 하나는 각각 18개와 9개의 박테리오 클로로필로 이루어진 두 개의 평행 고리로 구성되어 있다. 이 두 개의 고리는 멋진 대칭을 이루는 아홉 개의 가지가 있는 로제트(장미꽃 모양)를 형성한다. 더욱 놀라운 것은 로도슈도모나스 비리디스(*Rhodopseudomonas viridis*: 식물에서 발견되는 고정 진균—옮긴이)의 경우이다. 이 광합성 세균은 실제 살아 있는 화석으로, 원시 버전은 아마도 20억 년 전에 존재했을 것이다. 그 중심에는 반응 중심 역할을 하는 말편자 모양의 분자가 있는데, 이 분자는 거의 완벽하게 대칭을 이루고 있다. 이처럼 오래된 유기체의 기본 화학 구조도 상상하지 못할 정도로 우아하다는 사실이 여기서 다시 한번 드러난다.

아름다운 사물에 대한 자연의 취향을 어떻게 설명할 수 있을까? 아무도 이 질문에 대한 확실한 답을 가지고 있지 않다. 하지만 화학자가 이러한 합성 프로젝트를 설계할 때 대칭을 추구함으로써 얻을 수 있는 이점이 분명히 있다. 대칭적인 분자를 설계하면 작업을 절반으로 줄일 수 있다. 한쪽을 합성하는 데 성공하면, 다른 한쪽은 복제하기만 하면 되니까 말이다. 우리의 분자 압축기 프로젝트는 이러한 대칭 전략의 좋은 예다. 분자의 4분의 1만 합성한 다음 동일한 패턴을 네 번 반복하면 된다. 자연은 우리

만큼 게으른 것일까? 로도슈도모나스 비리디스에서 거의 대칭인 반응 센터는 기능적인 목적은 없는 것처럼 보인다. 말편자의 왼쪽 부분은 광합성 과정에서 알려진 역할이 없다. 아마도 이것은 원시 형태의 잔재일 수 있지만, 그렇다면 진화 과정에서 왜 제거되지 않았을까? 우리가 무시할 수 없는 두 번째 가설이 있다. 자연은 그것이 보기 좋다고 생각한 것이다!

우리 팀 내에서 크리스티안은 화학의 아름다움에 대한 열망을 나와 공유했다. 그녀는 거기서 영감을 얻기도 하고, 때로 프로젝트의 성공에 필요한 끈기를 얻기도 했다. 특히 카테네인에 이은 두 번째 인터레이스인 세잎 매듭 분자의 합성은 4년간의 노력이 필요했는데, 그중 상당 부분을 크리스티안의 공으로 돌릴 수밖에 없다. 야망은 과학자에게 충분한 동기 부여의 원천이지만, 우리의 경우에는 아름다움에 대한 탐구가 때로 반가운 에너지 보충제 역할을 했다. 마치 자신을 초월할 수 있는 능력처럼 말이다.

이 은밀한 탐험은 내 경력에서 단 한 번만 빛을 발했다. 2004년에 나는 팀원들, 특히 매우 영리하고 호감 가는 학생인 베누아 콜라송(Benoît Colasson)에게 우리의 소중한 보로메오 고리를 합성하자고 제안했다. 내가 어떻게 이 프로젝트를 건너뛸 수 있겠는가? 신화적인 세 링의 인터레이스 합성은 자연스럽게 개인적인 도전이 되었다. 하지만 내 이야기에 단지 고개를 끄덕여주는 것 이상으로, 이 프로젝트가 거대한 화학 공정이라는 것을 모두가 알고 있었다.

늘 그렇듯이 작업은 내가 머릿속에서 상상한 분자를 대충 자유롭게 그리는 것으로 시작되었다. 그런 다음 합성 작업이 시작되었다. 이미 병으로 몸이 많이 쇠약해진 크리스티안을 돕기 위해 베누아가 왔다. 조립체 합성은 끔찍할 정도로 어려웠다. 보로메오 고리는 세 개의 고리가 동시에 얽혀야 결합이 가능해지기 때문이다. 고리 하나만 빠져도 구조 전체가 무너진다.

거의 1년 동안 실패를 거듭하고 나자, 이 도전은 난공불락의 산처럼 보였다. 크리스티안의 확인된 재능이나 젊은 박사 과정 학생의 떠오르는 재능 모두 분명 문제가 아니었다. 내가 너무 크게 생각한 것일지도 모른다. 프로젝트를 포기해야 할지에 대한 문제가 심각하게 제기되기 시작했다. 한편으로는 친구와 동료들의 에너지를 불필요하게 낭비하지 말아야 한다는 책임감, 다른 한편으로는 신화적 상징이 내 과학 여정의 상징이 될 수 있다는 꿈이 너무 가까이 있어서 갈등했다.

운명이 나를 대신해 결정했다.

어느 날 아침, 프로젝트를 담당하고 있던 박사 과정 학생 베누아가 얼굴을 찡그리며 연구실로 찾아왔다. 미국으로 일하러 떠난 동료 중 한 명이 방금 프레이저 스토더트의 팀원이 진행하는 강연에 참석했다고 했다. 강연에서 그는 연구소의 최근 성과 중 하나이자 현재 상용화 단계에 있는 보로메오 고리의 분자 합성에 대해 발표했는데, 이는 우리가 전혀 예상하지 못한 기발한 접근법 덕분이었다.

우리는 꾸준히 추월당하고 있었다.

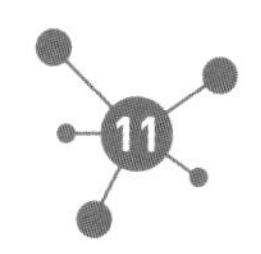

불합리한 바이러스

"2016년 12월 20일 화요일 정오, 엘리제궁에서 대통령께서 장피에르 소바주 씨를 영접할 예정임을 알려드리게 되어 기쁘게 생각합니다." 2016년 12월 10일자 이메일은 노벨상 수상으로 촉발된 청탁의 눈사태를 관리하기 위해 대학에서 임명한 조교 페리드가 내게 전달한 것이었다. 발표 직후, 엘리제궁과 고등교육연구부 장관 티에리 만동(Thierry Mandon)으로부터 축하 메시지를 가장 먼저 받았다. 성격상 기관보다는 동료들의 인정에 더 민감하지만, 이런 관심에 내가 감동했다는 사실을 인정하지 않을 수 없다. 프랑수아 올랑드(François Hollande) 대통령은 과학을 좋아한다고 알려져 있지는 않았다. 노벨상 수상을 기념하는 두 차례 만남 사이에 엘리제궁에서 영접을 받을 수 있으리라 예상은 했지만, 국가 원수와 직접 대면하는 점심 초대는 전혀 예상하지 못한 관심의 표현이었다.

늘 그렇듯 내 아내는 나에게 주어진 영광보다 다른 생각을 하고 있었다. "엘리제궁에서는 어떻게 식사를 하는지 궁금해. ……당신이 얘기해줘!"

파리행 TGV는 정시 운행했다. 나는 대통령 궁 앞에 시간에 맞춰 도착했다. 스토더트가 한 달 전에 버락 오바마와 만난 뒤 보내준 사진이 떠올랐다. 면담 후 집무실에서 사진 촬영을 했는데, 그는 장성한 자신의 두 딸과 미국 대통령과 나란히 서서 자랑스러워하는 표정이었다. 당직 경찰관에게 신분증을 보여주자 매우 친절한 보좌관이 나를 데리러 와서 작은 로비로 안내했다. "대통령께서 곧 나오실 겁니다." 그가 말했다. 몇 분 후 다시 나타난 보좌관은 나를 다른 사무실로 따라오라고 했다. 우리는 넉넉히 스무 개의 좌석이 마련된 넓은 식당을 가로질러 지나갔다. 다른 손님들도 함께할 줄은 몰랐다. "아프리카 국가 원수들의 대표단이 참석할 예정입니다." 보좌관이 말했다. 다양한 손님들을 혼합한 아이디어가 참신하고 흥미롭다.

보좌관이 우리 옆에 자리를 잡자, 프랑수아 올랑드 대통령이 나에게 따뜻하게 인사를 건네며 프랑스의 영향력에 기여한 것을 축하해주었다. 나는 노벨 위원회의 관심을 끌게 된 발견에 대해 대통령에게 간략하게 소개했다. 그 주제에 대한 질문이나 다른 연관 질문이 없다는 것은 화학, 적어도 내 연구의 성격에 대한 호기심이 제한적이라는 것을 확인시켜주었다. 대화의 방향은 곧 과학 교육 쪽으로 바뀌었다. 나는 프랑스 교육 시스템이 과학 과목에 충분한 가치를 부여하지 않고 있으며, 특히 노동계급 거주 지역의 젊은이들이 과학에 관심을 가지도록 장려하지 않는 현실을 개탄했다. 대화는 피상적인 수준에 머물렀고, 평범한 이야기로 가득했다. 대통령은 다정다감한 태도로 가끔 의견을 제시했지만, 주제에 대해 깊이 들어가거나 제안하는 일은 삼가했다. 거의 일방적인 대화는 그를 흥분시키지 않는 것 같았다. 내게 소중한 또 다른 주제인 소셜 네트워크의 해로운 영향으로 이야기를 옮아갔다. 올랑드 대통령은 배우 쥘리 가예(Julie Gayet)와의 불륜 사실이 폭로된 후 격렬한 비방 시위에서 이제 막 벗어난 상황이었다. 그의 관심을 끌 방법이 있을 것 같았다. "소셜 네트워크의 남용, 대통령님도 그것이 무엇인지 알고 계실 것입니다. 대통령님도 표적이 된 적이 있으니까요." 놀란 듯 대통령의 입가에 경련이 일었기에, 나는 그가 이러한 비유를 전혀 예상하지 못했다는 사실을 이해했다. "아, 네, 네." 그는 정중하게 대화를 피하려고 했다.

정확히 오후 12시 30분에 보좌관이 일어나서 면담을 종료했다. 나는 이어진 점심 식사가 분위기를 조금 더 따뜻하게 만드는 데 도움이 되기를 바랐다. "대통령님께서 일정이 매우 빠듯해서 실례하겠습니다. 제가 안내해드릴까요? 출구를 찾기가 쉽지 않을 것입니다." 식사가 준비된 식당을 지나 다시 걸어가면서 나는 내 실수를 깨달았다. 나를 점심 식사에 초대한다는 사실에 대해 의문을 품은 적이 없었다. 이곳에서 정오는 여느 때와 마찬가지로 회의 시간일 뿐이다. 그 오해가 나를 웃게 만들었다. 파리 동역에 도착해 오후 5시로 예정된 기차 티켓을 가장 가까운 출발편으로 변경했다. 배가 고팠다. 기다리는 시간을 이용해 기차역의 간이 식당에서 샌드위치를 주문하고 바로 카르멘에게 전화를 걸었다. "당신 실망할 거야. 나는 엘리제궁의 요리를 아직 맛보지 못했어. 대신 이 동역의 햄과 버터에 대한 시식 평은 말해줄 수 있어." 대통령이 나를 점심 식사에 초대하지 않았고, 아마도 이 옵션은 고려한 적도 없을 거라고 설명했을 때, 카르멘은 그날 저녁에 나보다 훨씬 더 화를 냈다. 결국 우리 둘 다 웃으면서 마무리했지만 말이다.

어쨌든 카르멘은 어느 정도 화를 낼 만한 이유가 있었다. 이 불상사는 보이는 것처럼 일화에 그칠 일은 아니었다. 이미 노벨상 수상으로 한껏 충만해 있던 터라 내 자존감에 상처를 입지는 않았지만, 그 상징적 측면 때문이었다. 6개월 전, 유로 2016 결승전에서 포르투갈에 패해 유럽 준우승을 차지한 프랑스 축구 대표팀은 카메라 세례와 화려한 의전과 더불어 프랑수아 올랑드 대통령으로부터 극찬을 받았다. 22명의 선수들과 스태프 전체가 점심 식사를 대접받은 것은 말할 필요도 없다. 이러한 대우의 차이가 개인적 성향 때문인지, 아니면 단순한 커뮤니케이션 전략 때문인지는 모르겠다. 2016년 (1901년 이후 일곱 번째로) 프랑스 화학자가 노벨상을 받은 것은 우리 연구 분야의 우수성을 알리고 과학이 여전히 사랑받지 못하는 나라에서 관련 직업을 창출할 수 있는 절호의 기회로 보였다. 분명히 젊은이들이 축구 선수로서 경력을 쌓고 싶게 만드는 것이 더 유용하거나 더 유익할 수 있다. 나는 시골 대학에서 가장 큰 국제 언론에 이르기까지 나에게 들어온 모든 인터뷰 요청에 응하면서 내 학문과 그 기쁨에 대한 전도사가 되어 이런 아쉬운 부분을 채우고 싶었다.

21세기 프랑스에서 화학은 좋지 않은 평가를 받고 있다. 늘 그런 것은 아니었다. 1960년대 프랑스에서 화학이 일상에 파고든 것은 분명한 진보의 신호였다. 텔레비전의 브라운관부터 생활용품, 냉장고를 거쳐 현대 의학에 이르기까지 화학이 가능하게 한 혁신은 우리에게 현대성의 문을 열어주었다. 이 목록에 플라스틱의 출현을 추가해야 한다. 플라스틱은 PVC와 같은 물건 제작이나 섬유(나일론 및 그 부산물)로 사용되었다. 우리는 이를 잊는 경향이 있지만, 합성 고분자의 사용은 원래 생태학적 관심에서 시작되었다. 나무를 인공적으로 대체할 수 있는 플라스틱은 삼림 벌채를 억제하고 숲을 보존할 수 있다는 희망을 주었다. 마찬가지로 나일론은 노동력을 많이 필요로 하고 물을 다량 소비하는 목화 재배에 대한 효율적인 대안이었다. 이 두 가지 측면에서 플라스틱의 등장은 원하는 효과를 가져왔을지 모르지만, 지금은 아무도 그 사실을 기억하지 않는다.

오늘날에는 '화학'이라는 용어를 사용하는 것만으로도 기피제 느낌을 준다. 탄화수소 연소로 인한 지구 온난화, 비료나 살충제로 인한 질병의 발병, 바다·공기·강 및 자연 전반의 오염 등은 모두 두려움을 선동하는 붉은 깃발이자 온갖 질병의 원인이다. 종종 선의를 가지고 있지만 과학적 현실에 무지하고 때로 의심스러운 판단을 하는 사람들이 이러한 비난을 전달하는 경우가 많다. 따라서 이러한 비난에 대해 충분히 선별 작업을 거쳐야 한다. 이러한 의구심을 한 문장으로 요약하자면 다음과 같다. 화학과 화학 산업을 혼동해서는 안 된다.

때로는 치명적 비극으로 이어져 비난받아 마땅한 과실이 발생하기도 하는데, 이런 사례를 정확히 알고 있다. 2001년 툴루즈의 AZF 공장 사고(특정 비료 성분에 사용되는 질산암모늄 폭발로 31명 사망)에서 2004년 인도의 보팔 사고(살충제 합성 중간체인 아이소사이안화메틸 누출 사고로 7500명에서 2만 명 사망 추정), 2020년 8월 베이루트 항구에서 발생한 비극(수백 톤의 질산암모늄 유출로 220명 사망)에 이르기까지, 안전 수칙을 준수했다면 피할 수 있었을 비극적인 뉴스로 인해 우리는 너무 자주 슬픔에 빠지게 된다. 그러나 여기서 잘못은 무능하거나 악의적인 몇몇 사람의 부주의다. 어떤 경우에도 분자 그 자체의 잘못이 아니다. 익사 사고에 대해 H_2O를 비난하지 않는 것처럼 말이다.

합성 화학은 필연적으로 불순물을 포함하며, 이는 상업적이고 해로울 수 있다. 하지만 본질적으로 순수하고 관대하며 무해한 자연과 상반된다는 접근은 어리석다. 인간 사회는 무차별적이고 무자비한 자연 세계와 비교하면 아주 평화롭다. 자연은 어떠한 감정도 없으며, 단지 적응과 생존의 전략만 개발한다. 어떤 나무도 우리에게 맛있는 과일을 제공하기 위해 열매를 맺지 않는다. 맛있는 과일은 효율적인 생식 전략일 뿐이다. 달콤하고 육즙이 많다면, 그것은 수정 매개자인 곤충이나 새를 끌어들이는 것이 유일한 목적이다. 협력 현상은 형제애적 충동과는 아무런 관련이 없다. 우리 몸이나 식물의 신진대사를 구성하는 박테리아는 단지 서로의 이익을 위해 단백질 및 유기체와 상호작용한다. 각자가 가진 영양소, 화학적 특성 등을 이용해 서로에게 부족한 것을 얻기 위해 상생 관계를 유지한다. 이러한 선의의 교환을 과학 용어로 공생 관계, 더 간단히는 공생이라고 하며, 이는 일상 언어로도 사용된다. 생물학적 동지 관계에는 애정이나 원한이 존재하지 않는다.

자연이 만든 화학물질과 인간이 만든 화학물질은 주기율표의 원소라는 동일한 흙으로 동일한 틀에서 만들어진다. 실험실에서 제조된 항생제와 비타민은 자연에서 합성된 것과 완전히 동일하다. 동일한 성분, 동일한 제조법, 동일한 특성을 가진다. 특정 분자와 관련된 독성 또한 현대 화학의 전유물이 아니다. 자연은 청산가리나 테트로도

톡신과 같은 치명적인 독으로 가득 차 있다. 이 독은 대담한 사람들이 즐겨 먹는 생선인 복어에서 발견된다. 인간이 고안해낸 그 어떤 분자도 치사율 측면에서 테트로도톡신과는 비교할 수도 없다. 테트로도톡신은 작은 개미의 무게인 1밀리그램 미만으로 건강한 럭비 선수를 기절시킬 수 있다.● 특정 조류에서 생성되는 브레베톡신은 니콜라우와 그의 팀이 비슷한 구조를 가진 인공 화합물을 합성하는 데 12년이 걸렸을 정도로 정교한 대량살상 무기다.

이러한 모든 분자는 숙주 생물이 포식자에 맞서 자신을 지킬 수 있게 한다. 그러나 사실 이들 중 어떤 것도 절대적으로 독성이 있는 분자는 없다. 이러한 분자의 위험성 또는 무해성은 항상 특정 양과 특정 유형의 생물에 적용되며, 인간도 때로 그중 하나이다. 그러나 여기서도 손상을 일으키는 것은 분자 그 자체가 아니라, 특정 종과의 접촉이나 특정 조건에서 촉발되는 화학 반응이다. 우리에게 소중한 물조차도, 가스를 제거하면 인체에 유독한

● 나는 훌륭한 친구들이 있는 일본을 여러 번 여행했다. 친구들은 두세 번 정도 복어 전문 레스토랑에서 저녁 식사를 제안했다. 복어 요리사는 전문 자격증을 취득해야만 한다. 나는 항상 거절했고, 지금은 그랬던 일이 조금 부끄럽다.

용매가 된다. 분자 자체는 그 기원이 무엇이든 본질적으로 적대적이지도 자비롭지도 않다.

이처럼 감정이 없기 때문에, 특정 독성 분자가 의약품 합성을 위한 훌륭한 전구체가 될 수 있었는지도 모른다. 우리의 산과 묘지에서 자라는 침엽수인 주목은 자연적으로 탁솔(taxol)을 함유하고 있다. 이 분자는 주목이 상호 이익을 위해 협력하는 곰팡이에 의해 생성되는데, 나무껍질에 강한 독성을 부여한다. 고대에 이 독은 화살 끝을 코팅하는 데 사용되었다. ……1971년에 미국 암 연구소가 암을 공격할 수 있는 분자를 찾기 위해 고군분투하던 중 한 연구팀이 탁솔에서 항암 특성을 발견했다. 이 임상 시험으로 인해 주목 나무 1만 2000그루가 잘렸고, 지역 환경 단체의 항의가 이어졌다.

내가 알고 지내던 CNRS의 화학자 피에르 포티에(Pierre Potier)는 이 사건에 흥미를 느꼈다. 1968년 그의 아내이자 세 아이의 엄마가 유방암으로 갑작스레 세상을 떠난 후, 그는 모든 에너지를 유방암 퇴치에 쏟아부었다. 그는 주목의 잎에서 얻은 분자인 탁솔에 대한 실험을 통해 그 특성을 개선하여 10배의 효능을 가진 인공 분자 '탁소테르(taxotère)'를 합성해냈다. 이 우아하고 무엇보다도 독창적인 접근 방식은 대량 벌목을 당할 위기에서 주목을 구원했다. 처음부터 유방암과 폐암에 대한 실험을 성공적으로 마친 탁소테르는 현재 세계보건기구(WHO)의 필수의약품 목록에 등재되어 있으며, 개발자는 1998년 CNRS 금메달을 받았다. 2006년 피에르가 사망한 후 프랑스 경제부는 그의 이름을 딴 상을 제정하여 매년 환경 보호에 기여한 화학 혁신에 상을 수여하고 있다.

탁소테르의 아름다운 이야기는 아무도 화학을 광고하는 것이 유익하다고 생각하지 않는 사회를 위해 묵묵히 봉사하는 화학의 특징을 나타낸다. 사실 이러한 발견은 모든 현대 의학으로 확장될 수 있다. 메디아토르(Mediator) 사건〔프랑스 제약회사 세르비에(Servier)가 당뇨병 치료제로 허가받아 판매한 제품인데, 의사들이 체중 감소 목적으로 처방하면서 제약사는 높은 매출을 올렸다. 즉 체중 감소 목적으로 사용할 때의 안전성과 유효성에 대해서는 검증을 거치지 않은 채, 프랑스 국민이 처방받아 복용한 것이다. 이 약은 심장판막 이상과 폐동맥고혈압이라는 심각한 부작용을 초래했고, 보건당국은 이 약이 판매된 33년 동안 프랑스 국민 2000명이 사망하고 수천 명이 입원 치료를 받았다고 추산했다—옮긴이〕은 정말로 끔찍했지만, 이 약으로 인해 얼마나 많은 질병이 치료되고, 세균이 박멸되고, 고통을 피할 수 있었는가? 화학이 없었다면, 우리는 여전히 사혈(瀉血) 요법 의학(중세 유럽에서 널리 사용하던 의학적 방법으로, 환자의 혈액을 일정량 빼내는 것으로 질병을 치료하는 방법—옮긴이) 시대에 머물러 있을 것이다. 100퍼센트 천연 의학 옹호자들은 수술실에 들어가기 전에 마취도 거부할 것인지 의문이다. 하지만 여기서도 천연 화학과 합성 화학을 대립시키는 것은 잘못이다. 내 친한 친구는 중국 전통 의학 전문가다. 지금은 은퇴했으나 천연 분자를 기반으로 한 치료법을 개발하는 전문 연구소에서 오랫동안 일했으며, 경미한 특정 질병에 대한 효과를 확신했다. 하지만 그는 심각한 병리를 치료하는 데는 한의학이 무력하다는 것을 인정한다. 한의학의 강점 중 하나는 신체를 분할할 수 없는 전체로 간주한다는 것이다. 반면 서양 의학은 장기를 치료한다. 이것은 어쩌면 이론적 약점일 수 있지만, 대장암 치료에 관해서는 확실히 신의 한 수다.

화학 반대 운동 중 가장 인기 있는 것 중 하나는 농업 화학 산업을 겨냥한 것이다. 비료가 가장 먼저 피고인석에 앉곤 한다. 세계에서 가장 널리 사용되는 질소 비료는 식물 성장을 촉진한다. 질소 비료는 1913년에 이 비료를 개발한 두 독일 화학자의 이름을 딴 하버-보슈(Haber-Bosch)법이라는 기술로 생산된다. 하버-보슈법은 대기 중에 존재하는 질소를 기체 형태로 포집하여, 질소 비료의 기본 성분인 암모니아(NH_3)로 변환하는 과정이다. 암모니아는 그 이름만 언급해도 혐오감을 불러일으킬 정도로 많은 비판을 받고 있다. 하지만 실제로 암모니아는 자연의 부족함을 보충해준다. 왜냐하면 식물이 자라는 데 필수 영양분인 질소는 토양에 자연적으로 충분히 들어 있지 않기 때문이다. 만약 하버-보슈법이 없었다면, 세계는 제2차 세계대전 이후로 풍토성 기근에 시달렸을 것이다. 20세기 말, 전 세계의 약 40퍼센트에 해당하는 24억 명의 식단이 질소 비료에 기반한 농업에 의존한 것으로 추정된다.•

대학과 고등학교 때 배웠을 만한 내용을 이 정도로 잊어버린 것일까? 모든 질병의 주범인 질소와 그 파생물은 생명에 필수적인 요소이다. 우리를 비롯한 모든 생명체의 세포를 구성하는 단백질의 원료인 아미노산은 암모니아와 유기 분자의 조합으로 이루어져 있다. 인산염 비료에서 발견되는 인은 인산칼슘의 형태로 뼈와 치아의 주성

• SMIL V., *Enriching the Earth: Fritz Haber, Carl Bosch, and the Transformation of World Food Production*, Cambridge, The MIT Press, 2001, p. 205.

분을 이룬다. 또한 인은 앞에서 언급한 신진대사의 연료인 ATP의 핵심 구성 요소이기도 하다. 그러나 여기서도 인은 자연 상태에서는 너무 부족하다. 생물 분해 과정에서 나오는 인은 그 특성상 필수 영양분임에도 불구하고, 토양에 거의 존재하지 않는다. 인산염 비료에는 주로 모로코·튀니지·중국·미국에 위치한 광산에서 추출한 인산염이 풍부하게 함유되어 있다.

비료와 함께 살충제 또한 거센 비난을 받고 있다. 그중 가장 비난받는 것은 물론 글리포세이트이다. 이 인공 분자의 분자식은 식초, 암모니아 및 인산염 유도체가 포함된 것으로 놀라울 정도로 간단하다. 화학 구성이 간단하다고 해서 반드시 무해하다는 뜻은 아니다. 나는 인간에 대한 독성 여부를 판단할 능력이 없기 때문에, 글리포세이트를 옹호하는 척하지는 않을 것이다. 발암 특성에 대해 WHO가 '가능성 있음'이라고 의견을 제시한 것을 보았지만, 나는 그 여부를 판단할 자격이 없다. 그러나 인간의 생명이 위태로운 상황에서 이렇게 모호한 결론에 만족할 수는 없다. 진정한 과학적 연구는 인간 건강에 미치는 영향에 대해 진지하고 결정적인 연구를 수행할 수 있어야 한다. 그리고 이러한 의심을 제거하는 데 시간이 필요하다면 기다려야 한다. 압박감 속에서 만들어진 모호한 결론은 감정적 편견만 부추길 뿐이다. 과학은 종종 인내의 문제이며, 항상 이성의 문제다.

내가 회복하고 싶은 것은 과학에 대한 신뢰와 우리 삶을 개선할 수 있는 과학의 능력에 대한 확신이다. 나는 산업적인 화학이 환경에 미칠 수 있는 실질적인 피해를 잘 알고 있다. 특히 수로나 바다로 배출되는 인산염 비료와 잔류물이 해조류와 같은 침입성 생물의 발생을 유발할 수 있다는 점 역시 잘 알고 있다. 그러나 이러한 정당한 우려가 '음모론'을 앞세운, 과학적 진보에 대한 모호한 십자군 전쟁으로 변질되어서는 안 된다. 이러한 괴담의 가장 최근 사례는 물론 코로나19와 그에 대한 다양한 백신이다.

우연히 나는 팬데믹 초기인 2020년 1월 3일부터 11일까지 도시가 봉쇄되기 직전 우한에 머물렀다. 우한에 있는 59개 대학 중 가장 큰 대학에서 내 이름을 딴 연구소의 출범을 기념해 심포지엄을 개최하고 있었다. 지난 며칠 동안 독감이 심하다는 소문이 돌았다. 내가 프랑스로 돌아온 후에야 상하이 대학에서 수행한 염기서열 분석 결과, 2003년의 사스(SARS-CoV-1)와 유사한 바이러스가 발견되었다는 것을 알게 되었다. 그러나 그 바이러스는 감염자 8000명 중 거의 10퍼센트를 사망에 이르게 한 사스 바이러스와 달랐다. 일부 프랑스 TV 프로그램에서 묘사한 '독감'과도 거리가 멀었다. 거의 동시에 우한 바이러스 연구소(실험실 P4)에서 유출된 인공 합성 바이러스에 대한 기사가 소셜 네트워크에 올라오기 시작했다. 노벨 화학상이나 의학상 수상자가 아니더라도 우리가 가진 지식만으로 바이러스를 완전히 창조하는 일은 불가능하다는 것을 알 수 있다. 나중에 일부 백신 반대 운동가들이 mRNA 기술이 DNA를 변형시킬 수 있다는 우려를 표명한 것은 과학적 무지에서 비롯되어 점점 더 체계화한 맹목적 불신의 결과다.

바이러스에 대한 비이성적 소문은 어디에서 비롯된 것일까? 추측만 할 수 있을 뿐이다. 이와 같은 큰 위기로 인한 깊은 혼란은 쉽게 비이성, 심지어 미신으로 이어질 수 있다. 또한 매우 프랑스적 문제인 언론의 과학적 소양 부족도 개탄하지 않을 수 없다. 나는 전 세계 언론 매체에 답변해왔다. 하지만 프랑스에서만 "나는 과학에 대해 아무것도 모릅니다"라고 고백한 후 웃으며 인터뷰를 시작하는 기자들을 상대해야 했다. 다른 곳에서는 과학 전문 기자들이 진행했다. 그것이 내게 그리 중요하지 않고 기분이 상한 적도 없지만, 행여 과학적 소양 부족이 과학적 기준에 따라 엄격하게 '전문가'를 선별해야 하는 시기에 심각한 장애가 될까 두려웠다. 나는 아무에게나 발언권을 주는 것을 코로나 위기 동안 말고도 몇 차례 경험했다. 언론인이 스스로 과학적 이해력을 갖추지 않고 이에 대해 관심도 없다면, 대중에게 어떻게 이해의 열쇠를 제공할 수 있을까? 일본에서는 화학 전문 월간지〔〈케미스티리 투데이(Chemistry Today)〉나 〈현대화학(現代化學)〉〕가 다수 발행되고 있다는 사실을 생각해보라.

물론 나는 모든 언론인을 같은 바구니에 넣지는 않는다. 나는 또한 프랑스 앵테르(France Inter)의 〈라 테트 오 카레(La Tête au carré)〉(과학과 기술에 관한 이야기를 다루는 프랑스의 라디오 프로그램—옮긴이)의 마티외 비다르(Mathieu Vidard), 훌륭한 잡지인 〈엡실룬(Epsiloon)〉에서 지금 일하고 있는 로망 이코니코브(Roman Ikonicov)와 같은 프랑스 언론인들과 훌륭한 경험을 한 적도 있다. 나는 과학에 대한 뿌리 깊은 무관심에 대해 과학자들에게 책임이 없다고 생각하지 않는다. 적어도 2000년대 초까지 대부분의 과학자는 시간을 낭비하거나 책임지기 싫어서 공개 발언을 조심스럽게 피했다. 연구에 대한 공적 자금의 구조적 지원 부족과 정치인들의 무관심(엘리제궁에 대한 나의 오해가 완벽한 사례다) 또한 의심할 여지 없이 한 요인이다.

이러한 제도화된 불신의 잔해 위에서 진실임을 자처하는 신념이 번성했고, 이제는 이에 의문을 제기하려면 추방의 위험을 감수해야 한다. 어떤 주제에서든 과학을 신앙과 혼동해서는 안 된다. 과학자의 역할은 자명하지 않은 것을 지식으로 밝히는 것이다. 비판적 사고를 버리는 것은 전문가로서 잘못이다. 자료로 충분히 입증된 현재의 기후 변화는 부인할 수 없지만, 문제는 혼돈의 예언자들이 우리에게 불가피한 시대의 종말을 예고하며 즐거워한다는 것이다. 나는 기후 변화의 발생 속도에 대한 우려를 공유하지만, 석기 시대로 돌아가지 않는 한 재앙을 피할 수 없다고 생각하는 극단적 비관론에는 공감하지 않는다.

과학적 사실은 실험으로 검증된 것이다. 우리는 지구가 평평하지 않다는 것을 증명할 수 있다. 하지만 예측은 정의상 시간이 지나야만 입증할 수 있는 기술이다. 이런 점에서 예측은 겸손을 요구한다. 내 화학자 친구이자 콜레주 드 프랑스(Collège de France) 교수인 마르크 퐁트카브(Marc Fontecave)가 지적했듯이, 정부간기후변화위원회(IPCC)의 비극적 시나리오를 인간 활동으로 배출되는 CO_2

양만을 고려하여 조정하려는 것은 다소 단순화된 조치로 보인다. "또한 이 온도는 태양, 지구, 대기 및 해양처럼 매우 복잡한 시스템 간의 매우 미묘한 상호작용의 결과이며, 우리는 이것을 매우 잘 모델링하고 있지만, 아직은 불완전한 방식이다."[•]

지구를 급격하게 탈탄소화해야 한다는 일부 종말론자가 수없이 반복해온 주장은 화학자라면 누구나 펄쩍 뛸 내용이다. 마르크 퐁트카브는 저서에서 "생명체부터 시작하여 지구상의 모든 것은 탄소로 이루어져 있다"[••]고 말한다. 이산화탄소는 생명체에 없어서는 안 될 필수 요소일 뿐만 아니라 많은 생물, 특히 포유류 출현의 계기가 되었다. 원시 대기에 존재하는 유일한 탄소 공급원인 이산화탄소는 생명체의 전구체인 최초의 아미노산 분자를 합성하는 역할을 했다. 이산화탄소가 없으면 광합성을 할 수 없고, 따라서 호흡에 필요한 산소를 얻을 수 없다. 자연에서 이산화탄소를 가장 많이 배출하고, 또 다량으로 흡수하는 것

• FONTECAVE M., *Halte au catastrophisme! Les vérités de la transition énergétique,* Paris, Flammarion, 2020, p. 23.

•• Ibid., p. 19.

은 바다다. 따라서 문제는 이 중요한 기체를 근절하는 것이 아니다. 인간 활동으로 인해 배출되는 이 기체의 양과 지구 온난화에 대한 인류의 실질적인 책임을 규명하는 것이다. 다시 말해, 문제는 인간이 온실 효과에 기여하는지 여부가 아니라, 정확한 비율이 얼마나 되는지이다. 그래야만 세계 경제의 여러 부문과 그에 따른 수백만 개의 일자리를 불필요하게 위태롭게 하지 않으면서, 우리 행동을 조정하고 희생을 감수할 수 있다.

정확한 방출량을 측정하기 위한 대규모 공공 연구 노력이 기울여져야 한다. 하지만—다른 많은 이들은 공개적으로 말하기 꺼려하지만—나는 엄밀한 과학적 방법의 소관인 이런 활동은 의사 결정권자들의 관심을 끌지 못하며, 심지어 과학적으로 논의할 시간이 없다는 핑계로 이를 배제하는 것을 안다. 이는 과학의 역사를 완전히 모르는 것이다. 진리는 종종 이론들의 건전한 대립을 통해 드러나곤 했다.

이성을 위한 자리를 마련하는 것은 언제라도 늦지 않다.

가교

나는 과학을 신뢰하지만, 이것은 믿음의 문제가 아니다.

과학은 스스로 증명했다.

때때로 과학은 오로지 이익을 위해서만 사용되거나 잔인한 의도를 가진 파렴치한 사람들에게 이용되어 끔찍한 비극을 낳기도 했다. 역사책에 담기고 미디어에서 반복하는 그런 비극들 말이다. 과학의 업적이 거의 항상 그런 비극만큼 관심을 받지 못하는 것이 유감이다. 하지만 모든 것을 고려했을 때, 과학은 지금까지 파괴한 것보다 더 많은 생명을 구했다.

그렇다면 내일이 달라져야 하는 이유는 무엇일까?

인류가 직면한 많은 도전 앞에서, 과학은 이미 해

결책을 제시하고 있다. 1974년 석유 위기 이후 원자력 발전으로 전환한 프랑스는 부유한 국가 중 지구상에서 이산화탄소 배출량이 가장 적은 국가 중 하나가 되었다. 프랑스는 지금 중국 28퍼센트, 미국 15퍼센트에 비해 세계 이산화탄소 배출량의 1퍼센트를 차지할 뿐이다.●

핵 기술은 에너지 주권을 보장하는 측면에서 충분히 중요성을 인정받고 있지만, 본질적으로 탄소 배출을 줄이는 방식이기 때문에 기후 변화 대응에도 기여하고 있다. 그렇다면 왜 주요 정치인들을 비롯한 많은 사람이 핵 기술을 점점 더 비난하는 것일까? 과학적 진보에 대한 절망적일 정도의 신뢰 상실로밖에 설명할 수가 없다. 핵폐기물 관리 문제에 대한 우려는 매우 정당하며, 이에 대한 연구 프로젝트들이 이 문제가 심각한 위험 수준에 이르기 전에 구체적인 해결책을 찾지 못할 이유는 전혀 없을 것이다. 프랑스 핵 산업은 의심할 여지 없이 가장 감시를 많이 받는 산업 중 하나로 심각한 사고로 문제가 제기된 적이 없

● 세계은행의 통계에 따르면, 전 세계 이산화탄소 배출량의 9퍼센트를 차지하는 유럽연합은 1979년 이후로 연간 탄소 발자국이 꾸준히 감소하고 있다.

다. 체르노빌 사고의 책임은 누구에게 있을까? 원자 분열 자체인가, 아니면 소련 정권의 잘못된 행동인가?

급격한 인구 증가와 경작지 부족으로 인해 우려되는 식량 자원 위기에 대해서 과학자들도 무시할 수가 없다. 이러한 우려에 대응하기 위해 개발된 것이 유전자 변형 농산물(GMO)이다. 여기서 다시 한번 강조하지만, 공개 토론에서 GMO를 반대하는 것은 비이성적인 이념적 편견이나 생물학적 메커니즘에 대한 지식 부족, 또는 이 두 가지가 다 섞인 결과라고 할 수 있다. 2008년부터 프랑스에서 GMO의 상업적 이용을 금지하고 유전자 변형 옥수수를 뿌리 뽑으려는 미디어 캠페인이 활발히 진행되고 있다. 하지만 유전자 변형 농산물은 더 많은 비판을 받는 화학 비료에 의존할 필요가 없는 농업, 더 풍요롭고 경제적으로 토지를 활용할 수 있는 농업에 대한 희망이다.

GMO가 식물이나 신체의 유전자를 오염시킨다는 우려는 근거가 없다. 우리가 먹는 생선의 유전자는 그 누구에게도 지느러미를 자라게 한 적이 없다. DNA는 서로를 '오염'시키지 않는다. 예방 원칙을 운운하는 것은 무의미하며, 우리가 이에 대한 살아 있는 증거다. 유기농이든 아니든 우리는 수천 년에 걸친 선택과 번식 주기로 유전적으로 개량된 과일과 채소를 매일 먹고 있기 때문이다. 프랑스 과학 아카데미는 2002년 GMO의 통제된 재배에 우호적인 보고서에서 "초등학교부터 시민들의 생물학 교육 수준을 높여야 한다"•는 내용을 포함한 여러 가지 권고 사항을 발표했다. GMO 연구에 시급한 조치가 필요하다면, 바로 이것이다.

과학적 소양의 결여가 몽매주의로 이어지고, 더 나아가 몽매주의가 테러로 나아갈 수 있다는 것은 우려할 만한 문제다. 나와 함께 일했던 한 뛰어난 과학자가 매일 이런 위협의 희생양이 되고 있다. 그녀에 대한 위협의 성격이 심각하고 반복적이어서, 나는 그녀의 신원을 밝힐 수가 없다. 나는 2018년 한 컨퍼런스에서 미국 과학 아카데미 회원인 이 생물유전학자를 만났다. 그녀는 '스쿠버 라이스(scuba rice)'라는 GMO 쌀을 개발하게 된 20년간의 연구 결과를 발표했다. 쌀은 주식이지만 습한 환경에서 매우 빨리

• 〈유전자 변형 식물(Les plantes génétiquement modifiées)〉, 《과학기술 보고서》 제13호, 각 장에 대한 구체적인 권고 사항, 롤랑 두스(Roland Douce), 과학 아카데미, 2002년 12월. 유전자 변형 식물에 대한 연구의 자유 회복을 촉구하는 같은 학회의 의견서가 2014년 3월에 나와 이 보고서를 보완하게 된다.

썩는 유전적 결함을 가지고 있다. 몬순으로 인해 홍수가 자주 발생하는 국가에서는 매년 3000만 명을 먹일 수 있는 1500만 헥타르 이상의 농경지가 쓰레기장으로 변한다. 물에 잘 견딘다는 의미의 이름이 붙여진 투바(tuba) 쌀은 이러한 자연의 약점을 보완하여, 물에 잠긴 논에서 쌀이 썩기 전까지 최소 15일 동안 버틸 수 있게 했다. 2009년부터 빌 앤 멜린다 게이츠 재단(Bill and Melinda Gates Foundation)의 지원으로 500만 명 이상의 농부에게 보급된 투바 쌀은 현재 남아시아, 네팔뿐만 아니라 사하라 사막 이남 아프리카와 마다가스카르에서도 재배되고 있다. 그녀의 발표를 들으면서 감탄할 부분이 많았다. 나 역시 감탄했다.

컨퍼런스가 끝나고 단체 사진을 찍을 시간이 되자 이 여성은 단상에서 슬그머니 사라졌다. 나는 깜짝 놀랐다. 나란히 포즈를 취하고 사진을 찍자는 내 요청도 그녀의 마음을 바꾸기에는 충분하지 않았다. 나중에야 그녀가 지나치게 겸손하다고 생각했던 진짜 이유를 알게 되었다. 미국 언론에 등장한 이후 그녀는 자연이라는 성역을 대담하게 침범했다는 이유로 심한 괴롭힘의 대상이 되었고, 어떤 경우에는 신체적 위협을 받기도 했다. 수백만 명을 굶주림에서 구해냈다는 만장일치의 찬사를 받는 대신, 그녀는 이제 자신의 안전에 대한 두려움에 시달리고 있었다. 언제부터 우리는 이 지경으로 상식을 잃어버렸을까?

나는 과학에 대한 믿음, 과학이 우리의 삶을 개선할 수 있다는 믿음을 가지고 있지만, 그렇다고 해서 순진하지는 않다. 유전학이 이룩한 발전은 미래에 무서운 우생학자들의 야망에 이용될 수도 있다. 생물학의 주요 발견을 악용하는 행위는 엄격하게 규제되어야 한다. 반면에 기초 연구는 불가능하다고 생각했던 것을 가능케 하기 때문에, 항상 희망의 원천이다. 진보를 가로막는 적들은 우리가 문명의 종말에 이르렀으며 과거로의 회귀만이 가능하다고 생각한다. 또한 인간과 자연은 서로 상반된 기능과 논리를 가진 두 개의 독립된 실체라고 확신한다. 그러나 인간과 자연은 하나이며 생존과 번식이라는 동일한 목표를 추구한다. 그렇다면 인간은 왜 이런 방식으로 환경을 조작할까? 바로 그 자신과 후손의 생존을 보장하기 위해서다. 진화 과정에서 자연은 에너지와 식량에 대한 인간의 수요가 계속 늘어날 것을 예상하지 못했다. 어쩌면 우리는 우연일지도 모른다. 말하자면 우리는 자연의 '계획'에 포함되지 않았을 수도 있다. 그렇다고 해서 우리가 쇠퇴해야 할까?

우리 팀은 분자 기계 개발과 더불어 물의 광분해

또는 더 일반적으로 인공 광합성에 대한 연구를 완전히 포기하지 않았다. 우리의 접근 방식이나 매우 창의적인 다른 연구소들의 접근 방식은 다양한 금속을 중심으로 점점 더 복잡한 구조의 분자를 상상함으로써 이 분야를 발전시키는 데 기여했다. 앞서 설명했듯이, 주요 과제 중 하나는 +전하와 −전하를 충분히 오랫동안 분리할 수 있는 감광성 분자를 만드는 것이다. 이때 −전하는 물 분자를 분리하여 수소를 생성하고 +전하는 산소를 생성하는 데 이용된다. 자연에서는 이 분리가 결정적이기 때문에, 사실상 재결합이 일어나지 않는다. 이는 광화학 사건 또는 에너지 전달 사건 이후에 생성된 +전하와 −전하가 정량적으로 사용되어 분자(각각 산소 또는 유기 화합물)를 생성하기 때문이다. 우리 팀과 수많은 공동 연구를 했던 (볼로냐의) 루차 플라미니(Lucia Flamigni)와 함께 2005년과 2006년에 발표한 논문에 따르면, 우리의 감광성 복합체는 전하를 100마이크로초가 조금 넘는 시간 동안 분리하고 유지하는 데 성공했다. 이것은 1980년대 중반 내가 이 분야를 연구하기 시작했을 때보다 훨씬 더 뛰어난 결과다. 1977년에 장마리 렌과 함께 이 주제에 대해 첫 논문을 출판했을 때, 나는 물의 광분해를 몇 년 안에 실현할 수 있다고 확신했다. 35년이 지난 지금도, 우리는 실제로 효과적이고 대규모로 적용 가능한 방법까지 가려면 아직 멀었다.

이 실패는 내 경력에서 몇 안 되는 후회 중 하나다. 꿈도 꾸지 못한 노벨상 수상은 그 어떤 후회도 잊게 해준 쾌거였다. 수상 당시 나는 1년 정도 연구 활동을 중단한 상태였지만, 장마리가 설립한 초분자과학공학연구소(ISIS)에서 명예교수직을 유지하고 있었다. 노벨상 수상으로 인해 평화롭게 시작하려던 내 은퇴 생활에 자연스레 차질이 생겼다. 노벨상 수상 전 명성이 절정에 달했던 1990년대에 나는 매년 전 세계에서 약 40회의 강연을 했다. 스톡홀름에서 돌아왔을 때, 이 수치는 2배로 늘어났고 코로나 위기가 이를 멈추게 했다. 이 모든 초대에 호의적으로 응답하는 것이 항상 쉬운 일은 아니었다. 일부는 중복되는 경우도 있었지만, 가능한 한 많은 초대에 응하기 위해 최선을 다했다. 나는 화학이 내게 준 기쁨에 대해 과학계는 물론 사회 전체에 빚을 지고 있다고 느꼈다.

내가 받은 요청 중 몇 가지는 특히 강한 인상을 남겼다. 예를 들어, 나는 교육부에서 주도하는 '성공의 동아줄(Cordées de la Réussite)' 프로그램에 참여했다. 이 프로그램은 취약 지역 청소년들을 학교 교육 전반에 걸쳐 맞춤

형으로 지원하여 평등한 기회를 제공하는 것을 목표로 운영된다. 나는 청소년들과 이야기를 나누면서 그들이 매우 친절할 뿐만 아니라 특히 똑똑하다는 사실을 알게 되었다. 풍성하고 감동적인 행사였다. 2017년에는 43년 전 나를 박사후 과정에 초청했던 옥스퍼드 대학에서 나를 권위 있는 연례 컨퍼런스의 주빈으로 다시 초대했다. 매우 인기 있는 이 컨퍼런스는 나의 과거 박사후 과정 지도 교수에게 경의를 표하기 위해 '말콤 그린 강연'이라고 불렀다. 이 두 사건이 나에게 많은 감동을 주었다. 나는 카르멘과 함께 비행기를 타지 않을 때는 5층에 있는 내 사무실에서 일하거나 미처 볼 시간이 없었던 과학 논문을 읽기 위해 ISIS에 가는 것을 좋아했다. 지금도 연구실 이웃이자 오랜 친구인 장마리 렌을 시작으로 신세대 연구원들뿐만 아니라 기존 연구원들과 다소 진지한 토론에 참여하는 것을 즐긴다.

물론 코로나 위기는 여행과 친교의 삶에 종지부를 찍었다. 전염병이 한풀 꺾였지만, 나이가 들면서 나는 운명을 거스르려고 하지 않게 되었다. 그렇다고 해도 나에겐 불평할 만한 일이 별로 없었다. 수많은 사람과 달리, 나는 실직을 걱정할 필요가 없었고, 리모델링을 마친 롬바르디아의 집에서 카르멘과 함께 많은 시간을 보냈다. 인터넷

덕분에 요청이 들어오는 대학과 기관에서 동영상 강의를 계속할 수 있었고, 과학 논문을 읽고 다양한 사람과 수많은 이메일을 주고받으며 활발한 활동을 이어갈 수 있었다.

물론 나는 기회가 닿자마자 예방 접종을 받았다. 지역 보건국은 내가 주사 맞는 모습을 공개할 것을 제안했고, 나는 스트라스부르 대학의 다른 두 저명인사, 생물학자이자 노벨 의학상 수상자인 쥘 호프만(Jules Hoffman)과 장마리 렌과 마찬가지로 이를 수락했다. 우리 세 사람은 2021년 1월 18일, 대중에게 우리를 본받으라고 설득하기 위해 짧은 면역학 강의를 하기로 한 기자 회견에 앞서 카메라 앞에서 각자의 아내들과 함께 주사를 맞았다. 전 세계 면역 체계 전문가인 쥘은 백신의 일반적인 원리와 mRNA 기술의 참신함, 이론적 효과와 안전성을 강조했다. 그의 당연한 목소리에 장마리와 나는 고개를 끄덕일 수밖에 없었다. 물론 이러한 소소한 기여도 백신을 반대하는 시위가 번지는 것을 막지는 못했다. 기록적인 시간 내에 백신을 개발하여 프랑스에서 무료로 사용할 수 있게 된 놀라운 과학적 업적을 축하하기는커녕, 백신을 반대하는 시위는 계속 퍼져나갔다. 현대 생활의 안락함이 우리를 이렇게 일관성 없고 변덕스럽게 만들었을까? 이러한 시위를 보면서 나는 화가 났고, 이번 위기 내내 사기가 떨어졌다.

좀더 개인적인 차원에서, 나는 이 바이러스의 출현 이후 일상의 속도가 느긋해진 것에 대해 완전히 불만스럽지만은 않다는 사실을 인정해야 한다. 물론 나처럼 특권을 누리는 사람에게도 불편함은 있다. 예를 들면, 샌프란시스코에서 살고 있는 내 아들과 손자, 즉 쥘리앵과 그의 가족을 오랫동안 만나지 못하는 것이 그런 일이다. 하지만 강연을 하기 위해 지구 반대편으로 몇 시간 동안 비행기를 타야 하는 일은 그립지 않다. 나는 이 자유 시간을 아내와 함께 정원을 가꾸고, 책을 읽고, 영화나 시리즈물을 보는 데 사용했다.

나는 내 전공 분야인 화학을 칭찬하는 시리즈인 〈브레이킹 배드(Breaking Bad)〉의 몇몇 에피소드를 시청했다. 이 시리즈는 암 선고를 받은 화학 교사가 가족을 위기에서 구하기 위해 합성 마약 제조자로 변신하는 이야기를 담고 있다. 처음 세 개의 에피소드를 넘어가지 못했지만, 합성 과정이 매우 사실적으로 묘사되어 있었다. 이 시리즈는 아마도 화학과 주기율표를 홍보하는 데 노벨상 수상자들을 모두 합친 것보다 더 많은 기여를 했을 것이다. 아들이 프랑스를 방문하면서 미국에서 이 시리즈의 로고가 새겨진 티셔츠를 선물로 가져왔다. 예방 접종을 촬영하러 온 카메라 앞에서, 나는 그 티셔츠가 눈에 띄도록 입고 싶은 마음을 참을 수가 없었다.

내 행복한 경력 덕분에 젊은이나 젊지 않은 사람들이 나에게 연락해 성공적인 과학자 인생의 비결을 알려 달라고 요청한다. 나는 절대적인 진리를 알고 있다고 주장하지는 않지만, 나에게 효과가 있었던 것이 무엇인지 알고 있다. 성공을 위한 탐구는 무엇보다도 성숙을 위한 탐구라는 한 문장으로 요약할 수 있다.

첫 번째 요소는 신뢰다. 무엇보다 자신에 대한 신뢰. 오랫동안 부족한 자신감을 회복하지 못했다면, 내 경력은 어떤 모습이었을까? 그다음이 과학, 즉 우리 삶을 개선하는 과학의 능력에 대한 신뢰다.

두 번째 요소는 상상력을 키우는 것이다. 이것은 보기보다 실행하기가 그리 간단하지 않은 방법이다. 상상력을 마음대로 발휘할 수는 없지만, 운이 좋으면 분명히 자극할 수는 있다. 토요일 아침의 독서와 과학적 사색, 그리고 불면증에 시달리면서까지 프로젝트에 대해 생각했던 것들이 첫 번째 카테네인을 합성하는 데 결정적인 역할을 했다. 세렌디피티는 우연의 산물이나 번뜩이는 천재성의 산물일 뿐만 아니라, 마음의 방황을 허용할 수 있는 능력이기도 하다. 보이는 것 너머를 볼 수 있는 능력이다.

이 두 가지 전제 조건은 세 번째 전제 조건인 독창성을 가능하게 한다. 분자 위상학 같은 미개척 분야나 물의 광분해 같은 전설적인 분야를 개척하는 동안 화학계의 거장들은 나를 난해한 화학자로 평가했다. 이러한 프로젝트에 대한 나의 자신감과 공상을 좋아하는 성향 덕분에 이러한 평가를 인정할 수 있었다. 다른 분야와 마찬가지로 과학에서도 순응은 선한 자의 동맹일 뿐, 위대한 자의 동맹은 아니다. 순응은 주로 사회적으로 편안하고 좋은 교제를 하기 위한 요소이다. 장마리의 조언에 따라 나는 연구의 정치적 측면을 중요하게 생각하지 않았고, 이 결심을 후회할 필요도 없었다. 오직 도전의 즐거움과 과학적 인정만이 나에게 활력을 불어넣어주었다.

내 직업적 만개의 네 번째 비결은 개인적 만개다. 나는 항상 업무로 인해 가정생활이 뒷전이 되지 않도록 주의해왔다. 45년의 직장 생활 동안 거의 매일 아내와 집에서 점심을 먹는 것을 중요하게 생각했고, 이 의식은 거의 깨진 적이 없다. 이 책을 마무리하는 시점에 우리는 결혼 50주년을 맞이했다. 나는 긴 휴가의 전통을 희생한 적이 없으며, 아들이 성장하는 것을 지켜보는 축복을 누렸다. 굳이 내가 선택해야 한다면, 이 아름다운 기쁨의 순간을 경험하기 위해 세상의 모든 노벨상도 포기할 것이다.

마지막으로 함께 가는 두 가지 요소는 야망과 겸손이다. 목표에 대한 야망. 아무도 가보지 않은 곳으로 모험을 떠나거나 불가침의 영역으로 여겨지는 성역을 공격하고 싶은 야망. 남들이 실패한 곳에서 성공하는 것을 두려워하고, 자신의 욕망에 한계를 설정하고, 욕망을 절제하는 것은 어리석은 일이다. 야망은 성과를 내기 전에 모습을 드러내면 교만이 된다. 그렇기 때문에 승리할 때뿐만 아니라 실패할 때도 겸손을 유지해야 한다. 어떻게 하면 교만하지 않을 수 있을까? 자연의 내부 메커니즘에 가까이 다가가서 우리는 성공을 거두었지만, 그때마다 자연은 우리보다 얼마나 우월한 존재인지 상기시켜주었다. 우리의 창의력은 자연의 천재성을 건드리지도 못한다.

화학에 대해 수많은 정의가 있다. 그중 무엇보다 매력적인 정의는 바로 내 오랜 친구 장마리 렌이 내린 것이다. 우주의 법칙과 삶의 규칙 사이에 다리를 놓는 과학. 이 문장은 우리 학문의 형언할 수 없는 매력과 내 과학 여정을 잘 요약하고 있다.

화학은 무기력한 자연과 살아 숨 쉬는 자연 사이의 가교다.

분자를 서로 연결하고 사람들을 하나로 묶는 연결고리의 과학이다.

한 줌의 불활성 원자에 생명을 불어넣을 수 있는 신비로운 기술이다.

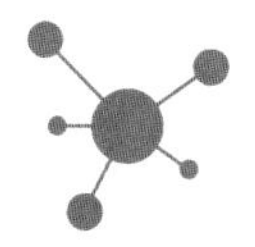

감사의 글

이 책은 티보 레스(Thibault Raisse)와 많은 논의를 거친 결과물입니다. 대단히 감사해요, 티보! 항상 유쾌하고 친근한 분위기에서 토론을 진행하면서, 내가 표현한 내용을 기술적으로 잘 이해한 후 더 알기 쉬운 용어로 옮기는 능력에 감명을 받았습니다. 당신은 또한 내 전기를 아주 재미있게 만들어주었습니다. 나의 세계, 그리고 생물학적 분자 또는 합성 분자의 세계가 많은 독자의 관심을 불러일으킬 수 있으리라고 확신시켜준 올리비아 레카상스(Olivia Recasens)에게도 감사드립니다. 분자는 그럴 자격이 있고, 우리는 그것을 알고 있습니다.

내 인생의 동반자인 아내 카르멘과 아들 쥘리앵에게도 감사의 말을 전하고 싶습니다. 그들은 항상 나의 과학적 열정과 그로 인해 빼앗기게 되는 시간에 대해 항상 매우 관대했습니다.

마지막으로, 분자 기계 또는 우리가 다루었던 다른 많은 분야에 대한 연구를 실제로 수행한 분들에게 감사를 표하고 싶습니다. 1980년대 초부터 우리 연구소의 연구에 기여한 CNRS 연구원이나 스트라스부르 대학의 교수들, 특히 크리스티안, 장폴, 장마르크, 마르크, 장클로드 및 발레리, 그리고 그들보다 경험이 적은 프랑스 또는 외국 연구자들 말입니다. 그들은 우리 프로젝트를 정의 내리는 데 많은 기여를 해왔으며, 똑똑하고 의욕적인 수많은 논문 학생들과도 연수 기간 내내 잘 지내주었습니다. 나는 우리의 성공에 책임이 있는 모든 '선배들'과 수십 명의 젊은이들에게 감사를 표하고 싶습니다.